幸福
小"食"光

约个
下午茶

樊小凡 主编

中国纺织出版社

图书在版编目（CIP）数据

约个下午茶 / 樊小凡主编 . -- 北京 ： 中国纺织出
版社，2019.3
　（幸福小"食"光）
　ISBN 978-7-5180-5333-9

　Ⅰ . ①约… Ⅱ . ①樊… Ⅲ . ①茶饮料—制作②西点—
制作 Ⅳ . ① TS275.2 ② TS213.23

　中国版本图书馆 CIP 数据核字 (2018) 第 191640 号

摄影摄像: 深圳市金版文化发展股份有限公司
图书统筹: 深圳市金版文化发展股份有限公司

责任编辑: 傅保娣　　　责任印制: 王艳丽

中国纺织出版社出版发行
地址: 北京市朝阳区百子湾东里 A407 号楼　　邮政编码: 100124
销售电话: 010-67004422　传真: 010-87155801
http://www.c-textilep.com
E-mail:faxing@c-textilep.com
中国纺织出版社天猫旗舰店
官方微博 http://weibo.com/2119887771
深圳市雅佳图印刷有限公司印刷　　各地新华书店经销
2019 年 3 月第 1 版第 1 次印刷
开本: 710×1000　1/16　印张: 10.5
字数: 110 千字　　定价: 45.00 元

前言

PREFACE

　　温暖的午后，一杯茶，一份点心，一首舒缓的曲子，一张白色蕾丝镂空桌布，外加一束鲜花，这便是下午茶的世界。可以一人独坐，享受宠爱自己的放松时光；也可以邀三五知己谈天，感受时光的静谧与温暖；亦可办一场午茶派对，融入多人欢聚的幸福时光。

　　下午茶不仅仅是喝杯茶，更是品味生活的优雅方式。酥心的甜点，配上清爽的茶水或浓香的咖啡，以及朋友间说不腻的悄悄话，此刻，忘却了窗外的喧嚣，忘却了心中的烦恼，忘却了周身的疲惫，仿佛全世界独属于你或你们——我们需要这样的时光，去遇见另一个自己，去享受不一样的生活。

　　下午茶亦是一场茶文化与生活的美学碰撞。下午茶源自英国19世纪的维多利亚时代，是英国人日常生活中不可缺少的休闲活动，其间弥漫的悠闲轻松、美好生活的幸福感，反映了当时英伦生活的百态。时至今日，令人惊喜的三层架点心、美丽精致的茶具、风味独具的各式茶品、优雅迷人的品茶礼仪，构成了风靡全球的英式茶文化，让人着迷，也让人沉醉。

　　随着下午茶在世界范围内的普及，现代下午茶生活更是丰富多样，其品鉴方式可繁可简，午茶姿态亦雅亦俗，可以是简单地补充能量，也可以是静下心来细味人生。这些都不重要，重要的是，随心便好，喜欢便可。

　　要不要一起喝杯茶，聊聊天，吃些美味的点心呢？

目
CONTENTS
录

第 1 章
有一种优雅，叫作下午茶

下午茶，源自维多利亚时代的优雅 002

徜徉在时光里的醇香——下午茶 002

正统英式下午茶三部曲 004

优雅的茶，优雅地喝——饮茶礼仪 006

茶日常，我和下午茶有个约会 008

品茶的学问 008

茶品介绍 009

可供选择的茶点 011

茶与茶点的搭配 012

制作下午茶的常用工具 014

布置合适的下午茶场景 016

泡一杯好喝的下午茶 017

自制英式下午茶三层点心架 018

关于下午茶的实用小知识 019

第 2 章
循着茶香，品惬意午茶生活

经典红茶&原味司康 022

阿萨姆红茶&玛格丽特饼干 024

伯爵红茶 & 巧克力布朗尼 ………………………………… 026

果酱红茶 & 番茄牛油果金枪鱼三明治 …………………… 028

柠檬红茶 & 草莓挞 …………………………………………… 030

玫瑰红茶 & 南瓜乳酪饼干 ………………………………… 032

芦荟红茶 & 奶油乳酪玛芬 ………………………………… 034

蔓越莓红茶 & 巧克力瑞士卷 ……………………………… 036

乌龙茶 & 紫薯饼干 …………………………………………… 038

陈皮乌龙茶 & 咸光饼 ………………………………………… 040

薄荷绿茶 & 抹茶红豆卷 …………………………………… 042

百合绿茶 & 全麦薄饼 ………………………………………… 044

菊槐绿茶 & 指压小饼 ………………………………………… 046

柠檬蜂蜜绿茶 & 长崎蛋糕 ………………………………… 048

绿茶薄荷奶茶 & 布朗尼 …………………………………… 050

原味奶茶 & 抹茶司康 ………………………………………… 052

伯爵奶茶 & 芒果芝士夹心蛋糕 …………………………… 054

巧克力奶茶 & 黄豆粉饼干 ………………………………… 056

珍珠净颜奶茶 & 达克瓦兹蛋糕 …………………………… 058

港式冻奶茶 & 葡式蛋挞 …………………………………… 060

鸳鸯奶茶 & 水果蜜方 ………………………………………… 062

香醇玫瑰奶茶 & 抹茶蔓越莓饼干 ………………………… 064

红豆奶茶 & 咖啡慕斯 ………………………………………… 066

自制丝袜奶茶 & 红丝绒杯子蛋糕 ………………………… 068

鲜薄荷柠檬茶 & 黄桃派 …………………………………… 070

玫瑰花茶 & 杏仁酥 …………………………………………… 072

迷迭香菊花茶＆黄油杯子蛋糕 074

茉莉花茶＆葱香三角饼干 076

蜂蜜柠檬菊花茶＆蔓越莓吐司 078

茉莉花柠檬茶＆抹茶红豆饼干 080

双花山楂茶＆天然南瓜面包 082

玫瑰柴胡苹果茶＆蒸小米发糕 084

翠衣香蕉茶＆紫薯面包 086

水果茶＆柠檬多拿滋 088

第 3 章

醇香咖啡，雕刻午后静谧时光

意式浓缩咖啡＆甜蜜奶油杯子蛋糕 092

绿森林咖啡＆舒芙蕾 094

摩卡咖啡＆柠檬玛芬 096

黄油咖啡＆抹茶瑞士卷 098

卡布奇诺＆蔓越莓雪球饼干 100

跳舞的拿铁＆美味甜甜圈 102

郁金香咖啡＆焦糖布丁 104

焦糖玛奇朵＆经典白吐司 106

越南咖啡＆奥利奥可可曲奇 108

芬兰芝士咖啡＆松饼 110

冰晶咖啡＆抹茶芒果戚风卷 112

卡布奇诺冰咖啡＆轻乳酪芝士蛋糕 114

雪顶咖啡＆棋子豆 116

摩卡冰咖啡&千丝水果派 ………………………… 118

牛奶冰咖啡&流心菠萝吐司塔 …………………… 120

第4章
果汁与糖水，我的甜蜜午茶日记

桃子苹果汁&蔓越莓芝士球 ……………………… 124

樱桃梨子汁&牛油果五香牛肉三明治 …………… 126

菠萝木瓜汁&糖粒面包 …………………………… 128

鲜橙葡萄柚多C汁&蓝莓派 ……………………… 130

西瓜紫甘蓝汁&南瓜派 …………………………… 132

西瓜草莓汁&蔓越莓坚果司康 …………………… 134

橙汁冰饮&金枪鱼番茄开口三明治 ……………… 136

牛奶木瓜甜汤&葡萄干奶酥 ……………………… 138

银耳苹果红糖水&莲蓉饼 ………………………… 140

牛奶杏仁露&菊花酥 ……………………………… 142

川贝枇杷雪梨糖水&红豆饼 ……………………… 144

柠檬猕猴桃果饮&巧克力法式馅饼 ……………… 146

草莓西红柿果饮&黄瓜三明治 …………………… 148

苹果鲜橙果饮&彩蔬小餐包 ……………………… 150

菠萝苹果果饮&坚果巧克力戚风蛋糕 …………… 152

橙子芒果西瓜果饮&卡仕达酥挞 ………………… 154

荔枝芒果汁&红茶奶酥 …………………………… 156

火龙果牛奶汁&鲜虾牛油果开口三明治&香草布丁 ……… 158

第1章

有一种优雅，叫作下午茶

英式下午茶犹如古老的传说，

从维多利亚时代一直到新纪元，

又从欧洲传遍世界。

它带来的不仅是精致和高雅，

也是一种生活态度。

午后，

把心交给优雅的下午茶时光吧！

下午茶，
源自维多利亚时代的优雅

茶，起源于中国，但下午茶的风情却源于英国，并引领英伦风尚。英国有句谚语："当时钟敲响四下时，世上的一切瞬间为茶而停。"可见其对茶的重视。接下来就和我们一起探寻下午茶的"前世今生"，感受这份源自维多利亚时代的优雅吧！

徜徉在时光里的醇香——下午茶

温暖的午后，还有什么能比约上三五好友一起畅享轻松的下午茶来得更惬意呢？当些许清甜在口中融化，茶的醇香弥漫在鼻端，恍惚间，仿若来到了18世纪古老的英国贵族庄园……

茶的起源

从茶叶的起源来讲，最早种植和利用茶的国家是中国，有文字记载的最早人工种植茶叶的地方就在中国的蒙顶山，这种古老的植物伴随着同样古老的中华民族走过了悠长的岁月。

中国人不仅最早种植茶叶，也最早学会喝茶、品茶。"茶之为饮，发乎神农氏"，中国的茶文化几乎与国家历史一样源远。翻开中华民族五千年文明史的书卷，几乎每一页都可以嗅到清幽的茶香，博大精深的茶文化无疑是中国传统文化的重要组成部分。

东方茶风靡英伦

早在隋唐时期，茶叶就开始向海外传播，随着茶马古道的开辟，中国的茶叶和茶文化经回纥及西域等地向西亚、北亚和阿拉伯等地输送，中途辗转西伯利亚，最终抵达俄国及欧洲各国。17世纪50年代后期，茶叶被传入英国。但在当时，英国人对茶的认知十分有限，仅仅认为它是一种神奇的、包治百病的药草。

1662年，茶在英国的命运发生了转变。英王查理二世的新娘——葡萄牙公主凯瑟琳对于英国饮茶风尚的形成起了极大的引导作用。作为一个生长于贸易大国的公主，她对茶叶早就有所接触，也养成了饮茶的爱好。嫁到英国后，她开始用陪嫁的茶叶招待她的贵族朋友，茶作为饮品开始逐渐在上流社会流传开来，并被越来越多的贵族妇人们争相效仿。但是当时茶叶价格昂贵，是只有富贵阶层才能享用得起的"东方洋玩意儿"。

为了满足上流社会喝茶的时尚生活需求，英国的贸易公司进口的茶叶越来越多。随着茶叶大量地进入英国，其价格也逐渐下降。18世纪初，喝茶的习惯已在中产阶层中流行开来，而且还有着不断往下层蔓延的趋势。到18世纪末，饮茶已经在整个社会普及，成为了英国的一种社会风习。

"维多利亚下午茶"的由来

将单一的品茶发展成独特的下午茶，并逐步确立为一种既定习俗的文化方式的，正是痴迷于饮茶的英国人。

下午茶起源于 19 世纪 40 年代——文化艺术蓬勃发展的维多利亚女王时代，相传由英国贝德芙公爵夫人安娜玛丽亚开创。按照当时宫廷的风习，午餐时间要早得多，社交晚宴则要到晚上八点。在两餐间隔的漫长时间里，公爵夫人时常感觉到肚子饿，于是在下午四五点钟，就会命女仆备好一壶茶、几片烤面包和一些奶油、黄油送到她房间去，将这些茶点作为果腹之用，吃得甚是惬意。公爵夫人很享受用茶点的过程，后来在每天下午四点，便习惯邀请几位闺中密友，一同品啜茶饮和精致的三明治、小蛋糕，共享轻松惬意的午后时光。

这种打发闲暇时光的方式受到了名媛仕女们的青睐，下午茶很快在社交圈内流传开来，成为一种风尚，随后逐渐普及到平民阶层。直到今天，这样的行为俨然形成了一种优雅自在的下午茶文化，成为了正统的"英式红茶文化"，即所谓的"维多利亚下午茶"。

🍵 正统英式下午茶三部曲

　　虽然被称为"下午茶"，但下午茶并不只是喝茶。正统的英式下午茶由茶点、精致的茶器及品茶三部分组成。

享用茶点

　　正统的下午茶点心一般用三层点心架来装盛，点心架的上面通常做成弧形把手状，方便拎取，架子上放有三层点心盘。由下而上，第一层放三明治，第二层放传统的英式点心——英式松饼，第三层则放蛋糕及水果塔等甜品。现在为了适应不同地方客人的口味需求，也会安排特别的茶点，比如中国春卷和广式点心等。

第三层：各式甜品

第二层：英式松饼

第一层：各式三明治

品赏茶器

正统的英式下午茶在细节上是极为考究的，茶器作为下午茶的必备要素，其要求可以概括为四个字——上等精致。一套完备的英式下午茶，银质茶具与瓷器的组合搭配必不可少。陶瓷茶壶、杯具组、糖罐、奶盅瓶、七英寸个人点心盘、三层点心架点心盘、放茶渣的小碗，这些皆为白底描花的骨瓷。此外，茶壶加热器、滤茶器及放滤茶器的小碟子、茶匙、奶油刀、蛋糕叉以及三层点心架，这些器皿都必须是擦得锃亮的银器。

银质茶具的地位自不必说，在欧洲的贵族家庭，家中通常会有传承了几代的银质茶具。茶具上带着家族的印记，显示了一个家族的气度与昔日岁月的痕迹。英式下午茶使用的瓷器源自英国的骨瓷。骨瓷的配方中含有动物骨粉，看上去晶莹透明、细腻柔和，呈现出与普通瓷器不一样的质感和亮度，浑身散发着优雅与贵气。

品茶

无论茶点多么美味丰富，茶器多么精美华丽，"茶"始终是下午茶的绝对主角，品茶是正统英式下午茶必不可少的环节。随着温烫的红茶从小茶壶里缓缓倒出，一股浓郁的茶香随之弥漫开来，端起散发着醇厚茶香的茶杯，小啜一口，红茶的芳香和味道就从鼻尖流转到了舌尖，下午茶的美妙在这一刻呼之欲出。

好的下午茶是不会选用茶包泡茶的，一般是用沸水直接冲泡散茶，再将茶叶用茶漏过滤掉，茶汤倒入杯中饮用。和喝中国茶不同的是，英国茶不会反复冲泡，只喝第一泡。

英国人在喝茶时还有很多种调配的方法，红茶加奶就是一种普遍的方式。现冲的红茶加上常温的牛奶调出暖暖的温度，品饮一口，许久之后还能在齿缝里回味淡淡的香甜。也可以根据个人喜好加上糖或柠檬片，但通常不会同时加牛奶和柠檬片。

优雅的茶，优雅地喝——饮茶礼仪

据说传统的英式下午茶，茶桌上会衬着白色蕾丝镂空桌布，外加一束鲜花，精致的三层点心架与银制茶壶，这些摆设都是英式下午茶不可缺少的一部分。茶会上，除了女士们要精心打扮之外，受邀的男士也要穿着黑色礼服，举止彬彬有礼，再搭配优美的背景音乐，那么传统的英式下午茶就能完美呈现了。因为这是仅次于晚宴和晚会的非正式社交场合，所以这些传统至今仍然受到重视。

标准的时间

正统英式下午茶的时间是在下午四点钟。

提前邀请

举办一场正式的下午茶会，主人通常提前一个月就开始准备，并提前向宾客寄出加盖了家族徽章的邀请函，客人则需要在收函后及时答复主人，给主人充分的时间准备。时至今日，虽然通信手段已十分发达，但邀请朋友前来一起喝下午茶仍会提前一周左右发出邀请，给朋友也给自己充分的准备时间。

讲究的穿着

在维多利亚时代，出席下午茶会，女士必穿缀了花边的蕾丝长裙，将腰束紧，头戴设计巧妙的礼帽；男士则身着燕尾服，头戴礼帽。

迎接仪式

在女士前来时，在座的绅士必须起身恭迎，来访女士说"谢谢"表示男士可以随意；女士则不必起身，点头示意即可，只有在所有人都尊敬的人士过来问候时，在座女士才需起身恭迎。

关于分量

英式下午茶的茶水和茶点总是要比参加人数多准备一人份的量。个人点心盘也应多准备几套，以应对客人更换的需要。

提前配好茶具

在客人到来之前，主人要将下午茶所需的杯具组、茶匙、过滤网、点心盘、茶点刀、糖罐、奶盅、保温开水壶、大托盘等都摆放好。茶杯的杯耳朝右，茶匙放在杯耳下方成45度角位置，凹面朝上，把手朝向身体。出于新鲜和保温的需要，在客人就座之后才将茶壶拿至桌上，比较讲究的还需要将茶杯预先"温杯"。

女主人亲自服务

英式下午茶一定要由女主人亲自主持和为宾客服务，不可由仆人代劳，以示对客人的尊重。男主人也应适时地协助女主人。

端杯手势

传统英式下午茶很讲究端杯的手势。女士翘起小手指端杯，认为从手臂到指头的线条非常优美。现在用拇指、食指和中指"捏住"茶杯手柄，小手指自然放下就可以；手指也可以伸进杯柄圈内。

品尝糕点

如果是三层的点心架，则由下往上依次品尝，由咸到甜。先品尝带咸味的三明治，再啜饮几口红茶；接下来是涂抹上果酱或奶油的英式松饼，让些许甜味在口腔中散发；最后品尝浓郁厚实的蛋糕与水果塔。如果没有点心架，茶点的品尝则由淡而重，由咸至甜。

品茶的方法

通常由女主人亲自为客人泡第一壶茶，之后可将茶壶摆在桌子中央，让客人自行取用。而客人则应先品尝一口主人冲泡的红茶滋味后，再依自己的喜好加糖或牛奶。

茶具欣赏

仔细欣赏主人的品味与用心也是很重要的礼仪之一，无论多么漂亮的茶具，千万记得不可以翻到背面看其品牌，这是非常没有礼貌的。

愉快交谈

要使茶会气氛热络，"愉快交谈"非常重要。一开始可先谈些与现场红茶或茶点有关的话题，这样无论彼此是否熟识，都可以自然地开始交流，接下来再慢慢展开别的谈话内容。

暂离座位

如需要在下午茶期间短暂离座，需拿起一组茶具，右手举杯喝茶，左手端着茶托，在此期间，如果需要糕点，可将糕点置于茶托周边。

茶日常，
我和下午茶有个约会

随着下午茶的普及，现代下午茶生活远离了英式下午茶的繁琐，变得简约又不失优雅。在轻松欢乐的氛围下，无论是咖啡、玫瑰花茶，还是经典的红茶，都能够在口中碰撞出美妙的旋律。

品茶的学问

要品评一杯茶的好坏，需观其形、闻其香、赏其舞、品其味。所谓观其形，观的是茶叶的干湿，茶叶入水后是否完整，叶面是否伸展等；闻其香，闻的是干茶叶的香气、冲泡时的香气、入口后的香气；赏其舞，赏的是沏茶整个过程中一气呵成的动作、茶器的把玩；品其味，品的是茶汤入口后的味道。下面介绍具体品其味的方法。

Step1：轻啜一口茶，约5毫升。

Step2：将茶汤含在口中一会儿，让茶汤通过整个口腔。

Step3：用舌头循环打转，并漱一漱，使茶汤和口腔中的空气混合，也让茶汤充分与舌头味蕾接触，并扩散到整个口腔。

Step4：由鼻腔呼气，并经喉部慢慢咽下茶汤。

🍵 茶品介绍

吃下午茶已经变成世界各地的习惯，每个国家对于下午茶都有着不同的习俗和文化，对于茶品的选择也越来越多，早已从单一的红茶发展为包括红茶、奶茶、绿茶、乌龙茶、花茶、咖啡、果汁等多元并存的茶饮了。

红茶

全发酵的红茶，除了身段价格更为平易近人外，气质也是比较内敛含蓄的。那茶的芳香，似乎是在一种扎实沉香的质地里，徐徐缓缓地一层层悠然散发，仿佛多了几分日常生活的踏实安然感觉，可以时时刻刻品味享受。

绿茶

绿茶原本清淡，品质好的绿茶，三道清水流过，杯里的茶水已是"六官粉黛无颜色"，只留下碧绿的叶片，犹如池底青草，若无其事地在水中悠然荡漾。大多数人偏爱绿茶，就是喜欢它淡淡的味道，以及永远沁人心香的特质。

乌龙茶

乌龙茶是半发酵茶，其品质介于绿茶和红茶之间，既有红茶的浓鲜味，又有绿茶的清芬香，并有"绿叶红镶边"的美誉。在悠闲的下午来杯乌龙茶，搭配些许茶点，齿颊留香，回味甘鲜。

花茶

美味与颜值并存的花茶，很受现代都市女性的喜欢。品种多样的各式花茶，就算你的闺密很挑剔，也照样能把她轻松拿下。不过，不少花茶具有药理性，并不适合所有人饮用，所以建议大家在饮用前先了解清楚，自己无法把握的可以咨询医师。

奶茶

　　奶茶属于调饮茶，它虽然没有红酒高贵，没有咖啡摩登，也没有绿茶精致，却有温润香浓的芬芳。奶香中透着茶的清香，茶香中透着奶的香甜。所以，在都市下午茶中奶茶也是热门饮品。不过需要注意的是，有些调饮茶中的糖分、脂肪等含量过高，经常饮用容易引起身体发胖。

咖啡

　　一天之中最困乏的时刻莫过于午后，一杯略带苦味的咖啡，不仅提神醒脑，更能通过香醇的味道给你的舌尖带来双重的享受。很多人喜欢咖啡，仅仅在于觉得人生就像那咖啡，浓郁而醇香。

果汁

　　种类繁多、颜色各异的水果，挑挑拣拣自己喜欢的，榨一杯饱满的果汁，盛入透明的玻璃杯中，在无俗物缠身的午后，静静地品尝，让心情与健康在惬意的时光中得以修复。

糖水

　　提起糖水，总能让人在一瞬间就联想到甜蜜、幸福和美好。很多人喜欢糖水，不仅仅是喜欢它的味道，更喜欢品尝它时流露出的小资情调，以及糖水所折射出的那份慢生活态度。尝一碗糖水，烦恼会随着水汽暖意消散，剩下来的只有香甜的味道和舒适的心情，相信那肯定称得上是一种幸福的体验。

酸奶

　　酸奶是时尚饮品、减肥圣品，当然也能作为下午茶饮品。酸奶的营养价值在于其富含的蛋白质、钙等营养物质，而且能调节我们肠道的菌群，其淡淡的酸味还能起到促进食欲的作用。

可供选择的茶点

除了茶品之外，茶点的选择也是多种多样的，刚烤好的司康饼、各种颜色的三明治、可爱诱人的蛋糕和小点心，只要你喜欢，都可以。

饼干

饮一杯茶，再吃两块饼干，茶是热的，饼干是凉的；茶是液体的，饼干是固体的。通过细细的咀嚼，品味下午悠闲时光的同时，也能起到果腹的作用。两者搭配，再合适不过了。

面包

我们提到面包，大都会想到欧美面包或日式的夹馅面包、甜面包等。其实，世界上还有许多特殊种类的面包。有些面包经酵母发酵，在烘烤过程中变得更加蓬松柔软；还有许多面包恰恰相反，不用发酵。面包主要用来填饱肚子，英式下午茶中，司康、三明治是不可或缺的面包品种。

蛋糕

蛋糕是甜蜜的，快乐的，也是幸福的，不同的蛋糕，代表着不同的心情和意义。在悠闲的下午，一杯茶配一份蛋糕，着实惬意。其中提拉米苏、瑞士卷、戚风蛋糕、慕斯蛋糕，以及纸杯蛋糕等，都是不错的选择。

传统中式糕点

中国传统的糕点决不逊色于西点，它多样的品种和精巧的制作工艺是中国五千多年饮食文化的历史积淀，是老祖宗留下来的精华。经典的中式糕点，如马蹄糕、虾饺、绿豆糕、月饼等，都是下午茶的好拍档。

坚果

坚果含有丰富的不饱和脂肪酸、蛋白质以及锌、钙等矿物质，有利于维持皮肤和身心的健康，还可以健脑，只需要一小把，就可以满足你的下午茶需求。

☕ 茶与茶点的搭配

伴随着饮茶之风兴起，饮茶的同时如何配茶点，成为人们普遍关心的问题。就好像饮酒必有佐酒之物，饮茶也必须佐以点心。

茶与茶点的搭配要点体现在两个方面：其一，性味相合。也就是食性要适应茶性，食味要与茶味相合。有行家总结了简单的 3 句话，"甜配绿，酸配红，瓜子配乌龙。"其二，视觉相配。不同的茶叶内在茶性、茶味迥别，需要不同味感的食物搭配。不同茶叶外在茶形、茶色殊异，需要不同形状的食物相伴。这样才能够形成一种视觉的和谐之美。当然，搭配方式没有绝对，你也可以根据个人喜好进行搭配。下面介绍几种常见的搭配，供大家参考。

精致西点伴红茶

由于红茶进入西方已经有了很长的历史，饮用红茶搭配什么样的茶点经过漫长的摸索和实践已经逐步成熟、完善和固定下来。从味道上说，甜酸口味的茶点可以抵消红茶略带苦涩的口感，此类茶点有各种甜酸口味的水果、柠檬片、蜜饯等。

红茶经典的搭配莫过于英式三层点心架上的食物，包括三明治、司康、蛋糕等，当然，红茶的搭配不拘泥于此，只要甜咸搭配得当就好。

淡咸茶点与乌龙

乌龙茶是半发酵茶，兼有绿茶的清香气味和红茶的甘甜口感，并回避了绿茶之苦与红茶之涩，口感温润浓郁，茶汤过喉徐徐生津。用淡咸口味或甜咸口味的茶点搭配乌龙茶，对于保留茶的香气十分适宜。如坚果类的瓜子、花生、开心果、杏仁、腰果，以及咸橄榄、豆腐干、兰花豆等。

香甜茶点衬绿茶

绿茶淡雅轻灵，与口味香甜的茶点搭配饮用，香气此消彼长，相互补充，带来美妙的味觉享受。此外，清淡的绿茶能生津止渴，有效促进葡萄糖的代谢，防止过多的糖分留在体内，享用甜美如饴的茶点，如糖果、月饼、菠萝酥等，不必担心口感生腻和体内的脂肪增加。

咖啡搭配种类多

虽然一杯优质的咖啡本身已经是纯粹的享受，但是如果来点精致的茶点，会让心情更加美好，如酥饼、意式脆饼、蛋糕、布丁、甜甜圈等。而且，除了与茶的完美搭配，司康饼也可以是咖啡的伴侣。

清淡小吃保花香

茉莉花茶香气氤氲，鲜灵清爽，且香味持久宜人。研究表明，茉莉花的茶香可舒缓情绪，对人的生理和心理都有镇静效果。因此，饮茉莉花茶时不宜搭配各种炒制的坚果或口味浓重的茶点，以避免食物掩盖了花本身的清香。豆制品和糯米制成的茶点比较适合搭配花茶来食用，如绿豆沙、豌豆黄、驴打滚等。

小餐食与果汁的相会

新鲜的应季水果，榨成果汁，是一家人的首选下午茶饮。此时，来一点简单的小餐食，搭配种类会多种多样。有些店家会尝试将欧式风格的小餐食与果汁搭配，如德式香肠堡、欧式布谷堡、草莓或芒果松饼等，搭配新鲜果汁，既简单又方便，很受欢迎。

制作下午茶的常用工具

要自己动手制作下午茶，必不可少的就是工具，选择正确的工具能让下午茶的制作事半功倍。

制作茶饮的工具

◎ 茶漏：倒茶时，可将茶漏置于茶杯上过滤茶叶，优雅又方便。

◎ 茶叶匙：从茶罐中取茶叶，可以起到定量的作用。

◎ 热水壶：烧用来烫杯和泡茶的开水。

◎ 茶匙：用来搅拌添加奶和糖后的茶品，但不能用来喝茶。

◎ 茶杯：一般选用耐高温的杯子，如玻璃杯、瓷杯。

◎ 茶壶：盛茶的容器，一般选用骨瓷材质，与茶杯成套。有2人壶、4人壶和6人壶。

◎ 计时器：可以帮助我们掌握正确的茶叶冲泡时间。

制作茶点的工具

◎ 面包机：根据设置的程序，在放入配料后自动和面、发酵、烘烤成各种面包的机器。

◎ 烤箱：可以完成饼干、面包、蛋糕等食物的烤制工作。

◎ 搅拌器：用于打发蛋白、黄油等，分为手动和电动两种。

◎ 电子秤：在西点制作中用来称量各种粉类、细砂糖等需要准确计量的材料。

◎ 面粉筛：用来过滤面粉的烘焙工具。

◎ 刮板：制作面团后刮净盆子或面板上剩余面团的工具，也可以用来切割面团及修整面团的四边。

◎ 量杯：一般杯壁上都有容量标示，可以用来量取材料，如水、奶油等。

◎ 量匙：用来量取少量液体或者细碎的物体。

◎ 烘焙纸：主要用于烤箱内烘烤食物时垫在底部，能够防止食物粘在模具上导致清洗困难。

◎ 毛刷：主要用来在面包表皮刷一层油脂、蛋液或糖浆。

◎ 擀面杖：用来压制面条、面皮的工具，多为木制。

◎ 面包切割刀：一般用来切面包，也可以切蛋糕。

◎ 木质砧板：用来切面包，也可以用来盛放切好的面包。

◎ 模具：帮助烘焙品成形。模具大小、形状各异，根据需要选取对应的模具即可。

布置合适的下午茶场景

　　生活中的品位可以从细节上展现，如果只有精美的餐具和茶具，没有装饰也会显得美中不足。所以，装饰也是一种礼仪，浪漫温馨的餐桌布置，会让下午茶更惬意和舒适，还给自拍增添了素材。

合理选择桌布

　　利用桌布来增添颜色，可以确立整体下午茶风格。略带粉色的碎花桌布，能够满足少女心的你。纯色的桌布，肯定是百搭的，因为它没有过多的花纹，可以优雅华丽，亦可以清新简单，亦或是文艺。

用花装饰餐桌

　　借助插花艺术点缀、布置餐桌，把花的美融入茶、融入生活，更能提升下午茶的意境，增添下午茶的魅力，给人以美的享受与体验。可以用鲜花，也可以是干花、混合花（鲜花与干花混合）、仿真花等，容器可以是玻璃透明质地的，也可以是玉、瓷等质地的。

利用食物来增添冰激凌感

　　下午茶当然需要有甜品，我们可以利用甜品的颜色搭配来增加冰激凌的感觉。例如，在定制蛋糕的时候选用冰激凌色系的产品，更能体现下午茶优雅的质感。

　　也可以选择翻糖杯子蛋糕，嫩萌黄配上抹茶绿，清新蓝配上亮色橙，多种鲜艳色彩搭配，为下午茶增添视觉、味觉上的双重享受。

根据场景需求搭配

　　想要来一份惬意的下午茶，得先看看你身边有谁，根据心境、情景搭配出属于自己的下午茶。一个人的下午茶，慵懒、随性，不用特意布置场景，放爱听的音乐就能把氛围填满；两个人的下午茶，浓情蜜意时，调杯符合心情的饮品，用充满爱意的小物件装饰餐桌，在甜蜜指数爆棚的氛围下，吃着甜点、水果，像泡在蜜罐里一样；与三五好友来一场花园式下午茶，一般会运用到铁元素，铁艺的餐桌椅就是必不可少的选择，因为它更能凸显出精致优雅的氛围，与花园的风景搭配也更加融合；当然，来场高配版野餐下午茶就相对简单一些，但是多了一丝随性的野趣，带上咖啡和甜点，就能与好友尽情享受了。

泡一杯好喝的下午茶

茶香是暇日的开始，在恬静的午后，自己动手泡上一杯好喝的下午茶，午后的清闲伴随着一杯茶慢慢弥漫开来。

步骤 1：用水壶接适量清水烧开。

步骤 2：往洗净的茶壶中注入少量的开水，轻轻转动茶壶，进行暖壶。

步骤 3：用"人数 +1"的形式用茶叶匙向茶壶内加入茶叶，如 1 人饮用为 2 茶匙，2 人饮用为 3 茶匙，以此类推。

步骤 4：茶壶中倒入适量开水，根据茶叶包装盒上的指示时间冲泡，至少需要 3 分钟的时间来泡茶。1 分钟让茶色呈现，1 分钟让茶味散发，还有 1 分钟让茶的精华充分释放。

步骤 5：倒茶时，将茶漏放置在茶杯上，缓缓将茶壶内的茶水倒入杯中。

步骤 6：根据饮用建议或个人喜好加入牛奶、糖或柠檬等配料即可。

自制英式下午茶三层点心架

　　英式下午茶中的点心架，充满了优雅的贵族气质，博得了不少女性食客的青睐。如果在家准备下午茶，自制一个英式下午茶三层点心架，能够加分不少哦。

　　步骤1：首先，我们需要用到两个大小相等的盘子、一个略大的盘子和高矮相同的两个马克杯。用白醋和温水洗干净盘子和马克杯，然后晾干，并标记出盘子的中点。

　　步骤2：在两个马克杯的杯口和杯底都粘贴一圈双面胶纸贴。

　　步骤3：将其中一个马克杯的底部固定在尺寸最大的盘子正面的中心位置。

　　步骤4：将其中一个中型盘子的盘底压在马克杯的杯口，并轻按固定。

　　步骤5：将另外一个马克杯放在这个中型盘子上，用双面胶纸轻压固定。

　　步骤6：把另外一个中型盘子摞在马克杯的杯口上，这样就做成了一个三层的点心架。

如果在最上一层盘子中央放一个小的装饰物，就更好看了。

☕ 关于下午茶的实用小知识

下午茶起源于英国，最初为英国上流社会高雅的饮食习惯，其中有许多讲究至今仍保留着，也有些随着时代的变迁而做出了调整。

加不加糖和牛奶

往茶里面加牛奶的传统非常英国化，从 1658 年伦敦第一家茶馆开业以来一直都是这种习惯。加糖始于17 世纪，这是因为有些茶叶质量欠佳、味苦，后来这个习惯保留了下来。茶的多元选择是一种趣味，客人从众多口味中挑选完成后，等水煮开，主人都会询问每一位朋友需要多少鲜奶。但加糖或牛奶不是绝对的，可根据喜好选择。

茶匙也有原则

茶匙，在喝下午茶时多只用来搅拌，用完后便要放在茶碟上。茶匙不应留在杯中，用茶匙搅拌时忌发出声音，即在搅拌过程中要避免茶匙碰到杯壁。

一天可以喝几杯茶

饮茶量的多少取决于饮茶人的年龄、健康状况以及习惯、生活环境、风俗等因素。一般健康的成年人，平时又有饮茶习惯的，每日饮茶 12 克左右，分 3 ~ 4 次冲泡是适宜的。

先倒牛奶还是先倒茶

关于奶茶到底是先倒茶还是先倒奶，在英国历史上争论了很多年。据说以前人们为了防止茶具被高温的茶水烫裂，就先倒入温度低的牛奶；而上流社会喝下午茶时，会当着客人的面先把滚烫的茶水倒在杯子里，以显示自己茶具品质高端。进入 21 世纪，英国皇家化学学会确定英式奶茶的正统做法是，先倒奶、后加茶，这样会让牛奶的温度缓慢上升，将蛋白质保留，同时也让红茶的涩味变得柔和。

第**2**章

循着茶香，品惬意午茶生活

悠闲的午后，

拿出珍藏已久的茶壶，

沏一杯美味茶饮，

循着茶杯中飘出的阵阵茶香，

一边喝茶，

一边吃着各式糕点，

让时光慢下来，

享受轻松与惬意，

邂逅优雅。

经典红茶&原味司康

　　一杯清香四溢的红茶，一份酥松美味的原味司康，组成下午茶的经典搭配，让你在舌尖提炼时间的精纯，感受生命的热度。

经典红茶

扫一扫，看视频

材料

红茶叶 4 克

做法

❶ 将红茶叶放入茶壶中，注入适量开水（可冲泡 2 杯的量，水温为 90 ~ 95℃），盖上壶盖。

❷ 2 ~ 3 秒后，将茶汤滤出舍弃。

❸ 茶壶中再次注入开水，盖上壶盖，浸泡 2 ~ 3 分钟。

❹ 将茶汤倒出，品饮即可。

原味司康

材料

低筋面粉 220 克，无盐黄油 100 克，细砂糖 50 克，泡打粉 10 克，鸡蛋 1 个，盐 1 克，牛奶 30 毫升，淡奶油 15 克，全蛋液适量

工具

烤箱、电动打蛋器、面粉筛、刀、盆

做法

❶ 把无盐黄油和细砂糖放入盆中，用电动打蛋器打至蓬松羽毛状。

❷ 分次加入鸡蛋、淡奶油、牛奶，继续搅打均匀。

❸ 加入盐和泡打粉，搅打均匀。

❹ 加入过筛的低筋面粉，拌匀成团。

❺ 取出面团，放在操作台上，用手反复揉至面团表面光滑，然后揉圆。

❻ 把面团放在烤盘上，用手压成扁圆形，然后用刀切成 8 等份。

❼ 在面团表面刷上少许全蛋液。

❽ 烤箱预热上火 180℃、下火 185℃，将烤盘置于烤箱的中层，烤约 25 分钟至面包上色即可。

扫一扫，看视频

阿萨姆红茶&玛格丽特饼干

麦芽的香气缓缓从精致的瓷杯中升起，品一口阿萨姆红茶，咬一口承载着满满爱意的玛格丽特饼干，即使是一个人的下午茶，也不会感到孤单。

阿萨姆红茶

材料

阿萨姆红茶包 1 袋

做法

❶ 将一袋阿萨姆红茶放入茶壶中，注入适量开水（水温在 95℃左右），盖上壶盖。
❷ 浸泡约 3 分钟，将茶汤注入杯中品饮即可。

玛格丽特饼干

材料

低筋面粉、粟粉各 64 克，糖粉 40 克，熟蛋黄 1 个，无盐黄油 80 克，盐 0.6 克

工具

烤箱、刮板、筛网、刀

做法

❶ 将无盐黄油静置于室温下软化。
❷ 将低筋面粉、粟粉、糖粉倒在平板上，拌匀后倒入软化的无盐黄油，撒上盐，用刮板切拌均匀。
❸ 把熟蛋黄置于筛网上，用手按压成末，撒在面粉上，搅匀后揉成不粘手的面团。
❹ 将面团搓成长条形，用刀切成 8 克每个的小剂子，揉搓拉长 3 次后搓成圆球状，摆入烤盘中，用手指压扁。
❺ 将烤盘放入预热的烤箱中层，上火调至 170℃，下火调至 130℃，烘烤 15 ~ 20 分钟即可。

伯爵红茶&巧克力布朗尼

乳脂软糖的甜腻、蛋糕的松软、巧克力的丝滑，统统集于巧克力布朗尼一身。再来一杯带有佛手柑香味的伯爵红茶，解腻，只需要一小口。

扫一扫，看视频

伯爵红茶

材料

伯爵红茶包1袋

做法

❶ 将一袋伯爵红茶放入茶壶中，注入适量开水（水温在95℃左右），盖上壶盖。

❷ 浸泡约3分钟，将茶汤注入杯中品饮即可。

巧克力布朗尼

材料

细砂糖65克，鸡蛋液、黑巧克力、低筋面粉、黄油各100克，泡打粉2克，可可粉15克，牛奶20毫升，核桃碎30克

工具

烤箱、隔水盆、橡皮刮刀、面粉筛、搅打盆、模具

做法

❶ 黄油与黑巧克力隔水加热至融化。

❷ 加入细砂糖，再次隔水加热，用橡皮刮刀搅拌至细砂糖完全溶化。

❸ 取出隔水盆，待盆内液体降温至45℃以下时倒入搅打盆中，分3次加入鸡蛋液，搅匀成巧克力蛋糊。

❹ 加入牛奶搅匀后，将所有粉类筛入巧克力蛋糊中，拌匀成巧克力面糊。

❺ 将巧克力面糊倒入模具中，抹平表面，均匀地撒上核桃碎，稍稍压实。

❻ 将模具放入预热至180℃的烤箱中层，烘烤20分钟。

❼ 取出，脱模即可。

扫一扫，看视频

果酱红茶&番茄牛油果金枪鱼三明治

三明治能安抚你空虚的胃，而果酱红茶能唤醒你在偷懒的脑细胞，用
三五分钟，来享受一下属于你的工作下午茶吧！

果酱红茶

扫一扫，看视频

材料

红茶包 1 袋，自制果酱适量

做法

❶ 将红茶包放入茶壶中，注入适量开水。

❷ 盖上壶盖，浸泡约 5 分钟。

❸ 将壶中红茶倒入茶杯中。

❹ 舀出适量自制果酱，加入红茶中，搅拌均匀即可。

番茄牛油果金枪鱼三明治

材料

白吐司 2 片，金枪鱼罐头 60 克，番茄、牛油果各半个，黄油、黑胡椒碎各适量，柠檬汁 2 小勺

工具

烤箱、锡纸、刀

做法

❶ 番茄切片；牛油果去皮后切片，装碗。

❷ 白吐司单面涂抹上黄油，放在铺有锡纸的烤盘上。

❸ 将烤盘放入烤箱中层，以上、下火 180℃ 烤 3 分钟至微热后取出。

❹ 白吐司上依次放上番茄、牛油果、金枪鱼肉，加入少许黑胡椒碎、柠檬汁，再盖上另外一片白吐司即可。

扫一扫，看视频

柠檬红茶&草莓挞

在繁重的工作间隙，来到茶水间自己泡一杯红茶，加点柠檬片，滴几滴蜂蜜，吃一个铺满草莓的水果挞，轻松挥别疲惫感，唤醒青春的活力。

扫一扫，看视频

柠檬红茶

材料

柠檬片 15 克，红茶叶 4 克，蜂蜜少许

做法

❶ 取一个茶杯，放入红茶叶。

❷ 注入少许开水，冲洗一下，滤出水分。

❸ 杯中加入备好的柠檬片，再注入适量开水至八九分满。

❹ 盖上盖，泡约 5 分钟。

❺ 揭盖，加入少许蜂蜜调匀，趁热饮用即可。

草莓挞

材料

卡仕达酱：蛋黄 2 个，牛奶 170 毫升，细砂糖 50 克，低筋面粉 16 克；杏仁馅：奶油、糖粉、杏仁粉各 75 克，鸡蛋 2 个；挞皮：糖粉 75 克，低筋面粉 225 克，黄奶油 150 克，鸡蛋 1 个；装饰：草莓适量

工具

烤箱、蛋挞模、裱花袋、裱花嘴、刮板、搅拌器、剪刀、刀、碗

做法

❶ 蛋挞皮：将黄奶油、糖粉装入碗中，快速搅拌至颜色变白；打入一个鸡蛋，搅匀后分 2 次加入低筋面粉，拌匀后揉成面团。将面团搓成长条，用刮板切成 30 克一个的小剂子，搓圆，沾上低筋面粉，再粘在蛋挞模上，沿着边沿按紧，即成蛋挞皮。

❷ 杏仁馅：鸡蛋打入容器，加入糖粉，拌匀；再分次放入奶油、杏仁粉，搅成糊状，倒入蛋挞模中，再放入预热好的烤箱中层，以上火 180℃、下火 180℃烤 20 分钟。

❸ 卡仕达酱：牛奶用小火煮开，放入细砂糖、蛋黄搅匀，放入低筋面粉，搅成面糊。

❹ 取出蛋挞，去除模具；撑开裱花袋，装入裱花嘴，剪个小洞，用刮板将卡仕达酱装入裱花袋，挤在蛋挞上，再摆上切好的草莓即可。

扫一扫，看视频

玫瑰红茶&南瓜乳酪饼干

红茶的甜香与浓郁的玫瑰花香碰撞，浓郁香甜的乳酪加上淡淡的南瓜味道，为悠闲的下午注入让人开心的元素。

扫一扫，看视频

玫瑰红茶

材料

红茶叶 6 克，玫瑰花 5 克，蜂蜜少许

做法

❶ 取备好的茶壶，放入红茶叶和玫瑰花，注入适量开水。

❷ 盖上盖，浸泡一小会儿，倒出茶壶中的水。

❸ 取下盖子，再次注入适量开水。

❹ 盖好盖，泡约 5 分钟，至其释放出有效成分。

❺ 另取一个干净的茶杯，倒入茶壶中的茶水。

❻ 加入少许蜂蜜，快速搅拌匀即可饮用。

南瓜乳酪饼干

材料

有盐黄油 50 克，麦芽糖 80 克，低筋面粉 130 克，南瓜 60 克，全蛋液、杏仁粉、芝士粉各 10 克

工具

烤箱、小鹿饼干模具、刮刀、擀面杖、面粉筛、打蛋器、油纸、蒸锅、碗

做法

❶ 将有盐黄油室温软化，南瓜蒸熟后压成泥，粉类过筛。

❷ 将有盐黄油、麦芽糖放入大碗中，用打蛋器搅匀，分次加入全蛋液，打至发白膨胀状态。

❸ 倒入南瓜泥，用刮刀搅匀，再倒入杏仁粉、芝士粉、低筋面粉，搅拌成光滑的面团。

❹ 用擀面杖将面团擀成厚度为 4 毫米的面片，用小鹿饼干模具裁切出小鹿形状。

❺ 将面片放在铺好油纸的烤盘上，冷藏 30 分钟取出，再放入预热至 170℃的烤箱中层，烘烤约 23 分钟即可。

芦荟红茶&奶油乳酪玛芬

下午太过无聊？尝试做这款玛芬吧！简单的步骤，做出精细的味道。泡一杯养生的芦荟红茶，与玛芬一起，组成一道惊喜的下午茶。

扫一扫，看视频

芦荟红茶

材料

芦荟 80 克，菊花 10 克，红茶包 1 袋，蜂蜜适量

做法

❶ 洗净的芦荟取果肉，切小块。

❷ 锅置火上，放入芦荟肉和菊花，注入适量清水。

❸ 用大火煮约 3 分钟，至散出菊花香。

❹ 关火后盛出菊花茶，装入杯中。

❺ 放入红茶包，浸泡一会儿。

❻ 加入少许蜂蜜，拌匀即可。

奶油乳酪玛芬

材料

奶油奶酪 100 克，无盐黄油 50 克，细砂糖 70 克，鸡蛋 2 个，低筋面粉 120 克，泡打粉 2 克，柠檬汁 5 毫升，杏仁片 10 克

工具

烤箱、搅拌器、面粉筛、蛋糕纸杯、搅拌盆、裱花袋

做法

❶ 将奶油奶酪及无盐黄油倒入搅拌盆中，用搅拌器搅拌均匀；再倒入细砂糖，继续搅拌。

❷ 用搅拌器将鸡蛋打散，分次倒入搅拌盆中，搅拌均匀。

❸ 倒入柠檬汁，稍稍搅拌，再筛入低筋面粉及泡打粉，搅拌均匀，制成蛋糕糊。

❹ 将蛋糕糊装入裱花袋，垂直挤入纸杯中，在表面放上杏仁片。

❺ 将纸杯放在烤盘上，放进预热至 180℃的烤箱中层，烘烤约 20 分钟即可。

扫一扫，看视频

蔓越莓红茶&巧克力瑞士卷

你侬我侬的下午，与恋人一起品尝香浓酥软的瑞士卷，顺着丝滑的口感，喝上一口酸甜的蔓越莓红茶，再腻也不怕。

蔓越莓红茶

扫一扫，看视频

材料

红茶水 20 毫升，蔓越莓干 25 克

做法

❶ 备好玻璃杯，放入蔓越莓干。
❷ 注入泡好的红茶水，即可饮用。

巧克力瑞士卷

材料

海绵蛋糕预拌粉 250 克，鸡蛋 5 个，巧克力粉 8 克，淡奶油 100 克，植物油 60 毫升，白砂糖适量

工具

烤箱、电动搅拌器、长柄刮板、油纸、不锈钢盆、玻璃碗、奶油抹刀、刀

做法

❶ 取一不锈钢盆，倒入海绵蛋糕预拌粉、水、鸡蛋，搅匀后用电动搅拌器打发成面糊。
❷ 用热水溶解巧克力粉，倒入面糊中搅匀，再倒入植物油，继续搅匀。
❸ 烤盘中放入油纸，倒入面糊，用长柄刮板刮平，在桌面轻敲几下，把气泡排出，然后将烤盘放进预热至 160℃的烤箱中层，烤制 30 分钟后取出。
❹ 玻璃碗中倒入淡奶油，加入白砂糖，打发一会儿，涂一层在烤好的巧克力蛋糕上，卷起来，放入冰箱冷藏 10 分钟，取出切片即成。

扫一扫，看视频

乌龙茶&紫薯饼干

　　谁说乌龙茶只能配瓜子？那是你还没有遇到紫薯饼干。吃一口颜值高、味道好的紫薯饼干，喝一口乌龙茶，齿颊留香，回味甘鲜。关键是，还不易长胖哦！

扫一扫，看视频

乌龙茶

材料

乌龙茶叶 5 克

做法

❶ 取茶杯，放入备好的乌龙茶叶。

❷ 注入适量开水，冲洗一次，倒出茶汤。

❸ 茶杯中再次注入适量开水，至八分满。

❹ 盖上杯盖，浸泡约 5 分钟，揭盖后趁热饮用即可。

紫薯饼干

材料

低筋面粉 100 克，紫薯泥 80 克，黄油 35 克，糖粉 20 克，鸡蛋 1 个

工具

烤箱、刮板、叉子、刀

做法

❶ 在案台上倒入低筋面粉，在中间开窝，倒入糖粉，打入鸡蛋，用刮板搅匀。

❷ 加入黄油、紫薯泥，刮入低筋面粉，混合均匀，揉搓成光滑的面团。

❸ 将面团搓成长条状，切成数个大小均匀的剂子。

❹ 把剂子捏成小饼状，用叉子轻轻压一下，放入烤盘。

❺ 将烤盘放入烤箱中层，以上、下火 170℃ 烤 15 分钟至熟，取出即可。

陈皮乌龙茶&咸光饼

香脆可口的咸光饼，承载着浓浓的历史印记，带给你无穷的动力，搭配助消化的陈皮乌龙茶，让你的胃没有负担。

扫一扫，看视频

陈皮乌龙茶

材料

陈皮 5 克，乌龙茶叶 6 克，乌梅 25 克，冰糖适量

做法

❶ 取一个茶杯，放入备好的陈皮、乌龙茶叶、乌梅。

❷ 注入适量开水，冲洗一次，倒出汁水。

❸ 在茶杯中再次注入适量开水，至八九分满。

❹ 盖上杯盖，闷约 1 分钟；揭盖，加入适量冰糖。

❺ 再盖上杯盖，泡约 6 分钟；揭开盖，趁热饮用即可。

咸光饼

材料

中筋面粉 200 克，盐 4 克，绵白糖、无盐黄油各 20 克，奶粉 10 克，酵母粉 3 克，蛋白 30 克，熟白芝麻适量，水 105 毫升

工具

烤箱、刷子、面粉筛、盆、刮板、碗、保鲜膜

做法

❶ 将过筛的中筋面粉放入盆中，加入奶粉、绵白糖、酵母粉，混合均匀。

❷ 加入水，用刮板搅拌均匀后揉成面团，再加入无盐黄油和盐继续揉至光滑不粘手，放入碗中，盖上保鲜膜，发酵 30 分钟。

❸ 将发酵好的面团分割成每个 90 克的小面团，然后压平，用手整形成中空圆的形状，压扁。

❹ 在面团表面刷上蛋白，粘上熟白芝麻，放入烤盘中，注意每个面团间留 5 ~ 8 厘米的空隙。

❺ 将烤箱以上火 180℃、下火 160℃预热，烤盘置于烤箱的中层，烘烤 12 分钟，然后将烤盘调转 180 度，再烤 12 分钟即可。

扫一扫，看视频

薄荷绿茶&抹茶红豆卷

　　蒸熟的抹茶红豆卷，带着一点点小个性，与提神醒脑的薄荷绿茶，相遇在昏昏欲睡的下午，那令人振奋的享受会在舌尖上炸裂。

薄荷绿茶

扫一扫，看视频

材料

绿茶包1袋，薄荷叶少许，蜂蜜适量

做法

❶ 往茶壶中放入绿茶包、薄荷叶，注入适量开水，至八九分满。

❷ 倒入适量蜂蜜，搅拌匀，至其溶化。

❸ 盖上盖，浸泡一小会儿，将茶壶中的薄荷绿茶倒入杯中即可。

抹茶红豆卷

材料

低筋面粉、红豆各200克，抹茶粉8克，糖35克，酵母3克，盐2克，奶油30克，全蛋液25克，牛奶110毫升

工具

擀面杖、刮板、碗、保鲜膜、刀、蒸笼

做法

❶ 将低筋面粉、酵母倒在案板上，混合匀，用刮板开窝。

❷ 放入备好的抹茶粉、盐、糖，搅拌至无颗粒，再加入全蛋液，拌匀。

❸ 分2次倒入牛奶，反复揉搓至面团光滑，加入奶油，继续揉至奶油与面团完全融合，放入碗中，覆上保鲜膜，发酵1小时。

❹ 取出面团，用擀面杖擀成长方形，均匀地铺上红豆，卷起，收口捏紧，用刀切成8等份，均匀地放在蒸盘上，发酵50分钟。

❺ 将蒸盘放入烧开水的蒸笼中，用中火蒸约13分钟。

❻ 关火后静置5分钟再打开盖子，将蒸好的抹茶红豆卷取出即可。

百合绿茶&全麦薄饼

　　新鲜百合花也能泡茶？不用大惊小怪，加入了鲜百合花的绿茶口味淡了，啜上一口，唇齿留香。搭配含有诸多膳食纤维的全麦薄饼，不仅少了一份饥饿，还多了一份健康。

扫一扫，看视频

百合绿茶

材料

绿茶 15 克，鲜百合花少许，白砂糖适量

做法

❶ 取一碗清水，倒入绿茶叶，清洗干净。

❷ 捞出材料，沥干水分，装入小碗中，待用。

❸ 另取一个玻璃壶，倒入洗好的绿茶叶，放入洗净的鲜百合花。

❹ 注入适量开水，至七八分满，泡约 3 分钟。

❺ 将泡好的绿茶倒入杯中，加入少许白砂糖拌匀即可。

全麦薄饼

材料

全麦面粉 150 克，黄砂糖、无盐黄油各 60 克，盐、泡打粉各 1 克，牛奶 30 毫升

工具

烤箱、橡皮刮刀、擀面杖、圆形模具、搅拌盆

做法

❶ 将室温下软化的无盐黄油放入搅拌盆中，用橡皮刮刀压软。

❷ 加入黄砂糖，搅匀，倒入牛奶，搅匀后加入盐、泡打粉，搅拌均匀。

❸ 加入全麦面粉，用橡皮刮刀搅拌至无干粉，用手揉成光滑的面团。

❹ 用擀面杖将面团擀成厚度约 4 毫米的面片，用圆形模具将面片压成饼干坯。

❺ 烤箱预热至 180℃，将烤盘置于烤箱的中层，烘烤 12 ～ 15 分钟即可。

扫一扫，看视频

菊槐绿茶&指压小饼

　　冲泡伊始，菊花、槐花、绿茶在杯中竞相追逐，宛若精灵在跳舞；而指压小饼上印着浅浅的指纹，像是专门用来开启精灵王国的钥匙。

菊槐绿茶

材料

菊花、槐花各 3 克，绿茶包 1 袋

做法

❶ 取一个茶杯，放入备好的菊花、槐花。
❷ 放入绿茶包。
❸ 倒入适量开水。
❹ 泡约 10 分钟即可饮用。

指压小饼

材料

低筋面粉、高筋面粉各 92 克，无盐黄油 100 克，糖粉 50 克，鸡蛋 2 个，盐 1 克

工具

烤箱、电动打蛋器、面粉筛、保鲜膜、冰箱

做法

❶ 无盐黄油置于室温下软化后加入糖粉和盐，用电动打蛋器打至发白的羽毛状。
❷ 煮熟鸡蛋，剥出蛋黄，放入黄油碗中碾碎并搅匀。
❸ 筛入低筋面粉和高筋面粉，搅至无干粉状，整成面团，包上保鲜膜冷藏 40 ~ 50 分钟。
❹ 取出面团，分成每个 14 克的小面团，搓成圆球形状，在烤盘中码齐，用食指从小球正中间按下。
❺ 将烤盘置于预热的烤箱中层，以上、下火 170℃烤 15 ~ 20 分钟至饼干上色，取出即可。

柠檬蜂蜜绿茶&长崎蛋糕

长崎蛋糕，诞生于一次分享之中。在增进友谊、分享快乐的下午茶时刻，
怎么少得了长崎蛋糕搭配清香的柠檬蜂蜜绿茶，气氛浓郁而不甜腻。

柠檬蜂蜜绿茶

材料

柠檬片45克，绿茶叶10克，蜂蜜30克

做法

❶ 砂锅中注入适量清水烧开。
❷ 放入备好的柠檬片。
❸ 加入绿茶叶，拌匀，煮1分钟。
❹ 把煮好的茶水盛出，滤入杯中。
❺ 加入蜂蜜，拌匀即可。

长崎蛋糕

材料

赤砂糖、蜂蜜各30克，色拉油30毫升，
白兰地6克，鸡蛋5个，糖粉80克，
盐1克，香草精3滴，低筋面粉110克，
牛奶30毫升

工具

烤箱、油纸、方形蛋糕模具、面粉筛、
炒锅、冰箱、搅拌盆

做法

❶ 将赤砂糖倒入锅中，加冷水煮至焦色。
❷ 在模具中垫好油纸，将煮好的糖水均匀倒
入模具中，再放入冰箱冷藏备用。
❸ 将白兰地、牛奶、色拉油倒入锅中，隔水
加热，备用。
❹ 鸡蛋打入搅拌盆，倒入糖粉，打发3分钟，
倒入蜂蜜、香草精及盐，搅匀后筛入低筋
面粉，继续搅匀，再倒入步骤3的混合物，
搅匀成蛋糕糊。
❺ 将蛋糕糊倒入步骤2的模具中，放进预热
至160℃的烤箱中层，烘烤约30分钟即可。

绿茶薄荷奶茶&布朗尼

　　布朗尼有着蛋糕般绵软的内心和巧克力曲奇样松脆的外表，就如同绿茶薄荷奶茶的清凉与香醇的二重奏，在阳光明媚的午后，默默地开出花儿来。

扫一扫，看视频

绿茶薄荷奶茶

材料

牛奶 200 毫升，绿茶叶、薄荷粉各少许

做法

❶ 砂锅中注入适量清水烧开，放入备好的绿茶叶。

❷ 用中火煮约 2 分钟，至其析出有效成分。

❸ 捞出茶叶，倒入牛奶，搅拌均匀。

❹ 撒上薄荷粉，搅拌均匀。

❺ 关火后盛出煮好的奶茶，倒入杯中即可。

布朗尼

材料

巧克力 110 克，无盐黄油、低筋面粉各 90 克，鸡蛋 2 个，细砂糖 70 克，可可粉 30 克，泡打粉 2 克，杏仁 50 克，朗姆酒 2 毫升

工具

烤箱、面粉筛、方形蛋糕模具、搅拌盆、搅拌器、刀

做法

❶ 将巧克力和无盐黄油放入搅拌盆中，隔水加热熔化，搅拌均匀。

❷ 打入鸡蛋，倒入朗姆酒，搅匀后倒入细砂糖，继续搅匀。

❸ 筛入低筋面粉、可可粉及泡打粉，搅拌均匀，制成蛋糕糊。

❹ 将蛋糕糊倒入方形蛋糕模具中，切碎杏仁，撒在蛋糕糊表面。

❺ 将模具放进预热至 180℃的烤箱中层，烘烤 15～20 分钟。取出，脱模，切块，摆盘即可。

扫一扫，看视频

原味奶茶&抹茶司康

　　原汁原味的奶茶，遇上穿着抹茶外衣的司康，又是一次惊喜的碰撞，为午后带来美好心情。

原味奶茶

材料

纯牛奶 220 毫升，红茶叶 4 克，糖粉
适量

做法

❶ 奶锅中注入适量清水，煮至沸腾，关火。

❷ 锅中放入红茶叶，盖上盖，闷 3 ~ 5 分钟。

❸ 揭盖，倒入纯牛奶、糖粉，拌匀。

❹ 开小火，加热至周围起一圈小气泡，关火。

❺ 用滤网滤出奶茶，装入杯中即可。

抹茶司康

材料

低筋面粉 210 克，抹茶粉 10 克，泡打
粉 4 克，盐 1 克，细砂糖 50 克，无盐
黄油 115 克，鸡蛋 1 个，牛奶 30 毫升，
杏仁片 100 克

工具

烤箱、面粉筛、电动打蛋器、擀面杖、
刷子、盆

做法

❶ 把 100 克无盐黄油和细砂糖放入盆中，用
电动打蛋器搅打成蓬松羽毛状。

❷ 打入鸡蛋，边加边搅至均匀，再加入牛奶，
搅匀后加入盐和杏仁片，拌匀。

❸ 筛入低筋面粉、抹茶粉和泡打粉，拌匀并
揉成团，然后擀成长方形，切成 8 等份，
放在烤盘上。

❹ 烤箱以上火 180℃、下火 185℃预热，将
烤盘置于烤箱中层，烤约 25 分钟，表面
用刷子刷上 15 克室温下软化的无盐黄油
即可。

伯爵奶茶&芒果芝士夹心蛋糕

　　口感浓郁的伯爵奶茶配上果香满满又不失口感的芒果芝士夹心蛋糕，在与恋人共进的下午茶中，甜蜜升级了。

伯爵奶茶

扫一扫，看视频

材料

伯爵茶叶 5 克，纯牛奶、糖粉各适量

做法

❶ 将伯爵茶叶放入茶壶中，注入开水。

❷ 盖上盖，闷 5 分钟后揭盖，用茶匙轻轻搅匀。

❸ 将茶汤滤入另一茶壶中，加入糖粉，放入纯牛奶。

❹ 搅匀后倒入杯中饮用即可。

芒果芝士夹心蛋糕

材料

消化饼干60克，无盐黄油35克（热熔），奶油奶酪200克，芒果泥100克，吉利丁片3片，细砂糖40克，淡奶油80克，芒果片适量

工具

模具、冰箱、保鲜膜、搅拌盆、搅拌器、刀

做法

❶ 将消化饼干碾碎，与热熔无盐黄油充分融合，倒入包好保鲜膜的模具中，压实，放入冰箱冷冻半小时。

❷ 将奶油奶酪倒入搅拌盆中，分次加入淡奶油，搅匀后倒入细砂糖，继续搅匀。

❸ 将吉利丁片加热融化，倒入搅拌盆中，搅拌均匀后倒入芒果泥，搅匀，制成芝士液。

❹ 倒一半芝士液在有饼底的模具中，放上一层芒果片，再倒入另外一半。

❺ 放入冰箱冷冻 4 小时，取出脱模，再切成块即可。

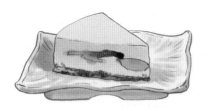

扫一扫，看视频

巧克力奶茶&黄豆粉饼干

一杯丝滑的巧克力奶茶，一份酥软的黄豆粉饼干，配着秋日下午的阳光，暖暖的，懒懒的，这样的享受，再来一打也不嫌多。

扫一扫，看视频

巧克力奶茶

材料

红茶包1袋，纯牛奶、糖粉各适量，可可粉1勺

做法

❶ 奶锅中注入适量清水，煮至沸腾，关火。

❷ 锅中放入红茶包，盖上盖，闷3～5分钟；揭盖，取出茶包。

❸ 锅中倒入纯牛奶、糖粉，搅拌均匀。

❹ 开小火，加热至周围起一圈小气泡，关火。

❺ 取茶杯，放入可可粉，倒入热奶茶，用茶匙搅匀即可。

黄豆粉饼干

材料

无盐黄油、糖粉、黄豆粉各60克，盐0.5克，鸡蛋液25克，香草精3克，低筋面粉110克，杏仁粉30克，面粉少许

工具

烤箱、擀面杖、橡皮刮刀、搅拌器、面粉筛、油纸、搅拌盆

做法

❶ 将无盐黄油倒入搅拌盆里，用橡皮刮刀搅匀后倒入糖粉和盐，继续搅拌。

❷ 倒入鸡蛋液，用搅拌器搅匀，加入香草精继续搅拌，再倒入黄豆粉搅匀。

❸ 往搅拌盆里筛入低筋面粉和杏仁粉，搅拌成均匀的面团。

❹ 在面团上撒一些面粉，用擀面杖擀成约2厘米厚的面皮，再切成小方块，放在铺好油纸的烤盘上。

❺ 将烤盘放进预热至180℃的烤箱中层，烘烤12分钟即可。

珍珠净颜奶茶&达克瓦兹蛋糕

泡一杯红茶，细嗅茶香，加入热生奶、珍珠粉，再来一份像极了马卡龙的达克瓦兹蛋糕，在慵懒的午后，尽情享受美颜之旅。

珍珠净颜奶茶

材料

红茶叶 6 克，珍珠粉 15 克，热牛奶 100 毫升

做法

❶ 取一个茶杯，倒入红茶叶，注入适量沸水。
❷ 盖上盖，泡 1 分钟，清洗一次。
❸ 倒出杯中的茶水，再次注入适量沸水。
❹ 加入珍珠粉，拌匀。
❺ 倒入热牛奶，拌匀，趁热饮用即可。

扫一扫，看视频

达克瓦兹蛋糕

材料

蛋白 100 克，细砂糖 15 克，杏仁粉 75 克，糖粉 90 克，无盐黄油 50 克，即溶咖啡粉 5 克，盐少许

工具

烤箱、电动打蛋器、面粉筛、裱花袋、油纸、搅拌盆、模具

做法

❶ 将蛋白和盐放入搅拌盆，用电动打蛋器搅匀后加入细砂糖，快速打发，然后筛入杏仁粉及 40 克糖粉，搅匀成蛋糕糊。
❷ 将蛋糕糊装入裱花袋，借助模具挤在铺好油纸的烤盘上，放入预热至 160℃的烤箱中层，烤约 10 分钟，再将温度调至 140℃，烤约 25 分钟后取出。
❸ 取一干净的搅拌盆，倒入无盐黄油和 50 克糖粉，搅匀。
❹ 将即溶咖啡粉倒入热水中，搅匀后倒入步骤 3 的混合物中，拌匀，制成内馅装入裱花袋中。
❺ 在已烤好蛋糕的一面挤上内馅，再盖上一块蛋糕即可。

扫一扫，看视频

港式冻奶茶&葡式蛋挞

　　港式奶茶口感爽滑且香醇浓厚，与奶味蛋香浓郁的葡式蛋挞搭配，其茶味重偏苦涩的特点消失于葡式蛋挞的松软香酥中。

港式冻奶茶

材料

淡奶100毫升，白糖20克，红茶包1袋，冰块适量

做法

❶ 开水杯中放入红茶包，泡5分钟成红茶水。

❷ 取干净的杯子，倒入适量泡好的红茶水。

❸ 加入淡奶，倒入白糖，搅拌至白糖溶化。

❹ 封上保鲜膜。

❺ 晾凉后放入冰箱冷藏20分钟。

❻ 取出冷藏好的奶茶，撕开保鲜膜，放入冰块即可。

葡式蛋挞

材料

牛奶100毫升，鲜奶油100克，蛋黄30克，细砂糖、炼奶各5克，吉士粉3克，蛋挞皮适量

工具

烤箱、搅拌器、过滤网、奶锅、容器

做法

❶ 奶锅中倒入牛奶和细砂糖，小火加热至细砂糖全部溶化，搅拌均匀。

❷ 倒入鲜奶油，煮至溶化；加入炼奶，拌匀后倒入吉士粉，继续拌匀；再倒入蛋黄，拌匀，关火待用。

❸ 用过滤网将蛋液过滤1次，倒入容器中，然后再过滤1次。

❹ 准备好蛋挞皮，倒入过滤好的材料，约八分满即可，放入烤盘。

❺ 将烤盘放入烤箱中层，以上火150℃、下火160℃烤约10分钟至熟，取出即可。

扫一扫，看视频

鸳鸯奶茶&水果蜜方

鸳鸯奶茶缓缓揭开奶茶与咖啡的不解之缘，水果蜜方带着水果与奶油、吐司激情碰撞，为相恋的美好时光增添一抹不容拒绝的甜蜜。

扫一扫，看视频

鸳鸯奶茶

材料

速溶咖啡、红茶包各 1 袋，牛奶 100 毫升，白砂糖少许

做法

❶ 取一个茶杯，放入红茶包，注入适量沸水。

❷ 按压一会儿，泡约 3 分钟，至茶水呈红色。

❸ 取出红茶包，倒入牛奶，拌匀，待用。

❹ 另取一个咖啡杯，倒入速溶咖啡，搅拌一会儿，至咖啡粉溶化。

❺ 将泡好的咖啡倒入茶杯中，加入白砂糖，拌匀，趁热饮用即可。

水果蜜方

材料

西柚 70 克，猕猴桃 50 克，吐司 2 片，奶油、提子各适量

工具

圆形模具、刀

做法

❶ 西柚去除果皮，切成片。

❷ 猕猴桃去皮，切成片。

❸ 往吐司上挤上适量奶油，放一片西柚，再盖一片吐司。

❹ 用圆形模具将吐司压成圆片。

❺ 挤上适量奶油，铺上猕猴桃，再挤上适量奶油，放上提子点缀即可。

香醇玫瑰奶茶&抹茶蔓越莓饼干

办公室的女孩们没有时间去美容，那就喝一杯美容养颜的香醇玫瑰奶茶吧！再搭配好吃易做的抹茶蔓越莓饼干，给你戒不掉的美味。

香醇玫瑰奶茶

材料

玫瑰花 15 克，红茶包 1 袋，牛奶 100 毫升，蜂蜜少许

做法

❶ 锅中注入适量清水烧开，放入洗净的玫瑰花，用小火煮 2 ~ 3 分钟。

❷ 放入备好的红茶包，拌匀，先大火然后转小火煮约 2 分钟，煮出淡红的颜色。

❸ 倒入牛奶，拌匀，用大火煮至沸腾。

❹ 关火后盛出煮好的奶茶，装入杯中，加入少许蜂蜜，拌匀即可。

抹茶蔓越莓饼干

材料

无盐黄油、蔓越莓干各125克，糖粉88克，高筋面粉75克，低筋面粉175克，抹茶粉20克，牛奶75毫升

工具

烤箱、电动打蛋器、橡皮刮刀、饼干模、保鲜膜、冰箱、刀

做法

❶ 将无盐黄油、糖粉混合，用电动打蛋器打至发白，分 2 次加入牛奶，搅匀。

❷ 倒入低筋面粉、高筋面粉和抹茶粉，加入蔓越莓干，用橡皮刮刀搅匀，和成面团。

❸ 将面团放入饼干模，包上保鲜膜，放入冰箱冷冻 10 ~ 20 分钟后拿出，切成厚度为 3 毫米的饼干坯，整齐排列在烤盘上。

❹ 将烤盘放入预热后的烤箱中层，以上、下火 165℃或 170℃烘烤 20 分钟即可。

红豆奶茶&咖啡慕斯

　　红豆奶茶中那朦胧的粉红、甜蜜的味道，还有隐藏着的粒粒惊喜，搭配着既有颜值又有内涵的咖啡慕斯，从色彩到气味都是如此相衬。

红豆奶茶

材料

水发红豆 100 克，红茶叶 12 克，牛奶 140 毫升，蜂蜜、炼奶各少许

做法

❶ 将水发红豆和红茶叶分别浸入清水中，清洗干净，去除杂质后捞出材料，备用。

❷ 砂锅置火上，倒入红豆，注入清水，加入蜂蜜，拌匀，盖上盖，烧开后用小火煮约 30 分钟，至红豆熟软。

❸ 关火后揭盖，将红豆盛入小碗中，制成蜜豆，放凉。

❹ 另起砂锅，倒入牛奶，放入红茶叶，大火烧开后用小火煮约 5 分钟。

❺ 关火后揭盖，盛出煮好的茶水，滤在玻璃杯中，再趁热加入炼奶，拌匀，制成奶茶。

❻ 取玻璃杯，倒入蜜豆，注入适量奶茶即可。

咖啡慕斯

材料

消化饼干 60 克，无盐黄油、糖粉各 40 克，淡奶油 250 克，速溶咖啡粉 20 克，吉利丁片 8 克，杏仁片、打发好的奶油各适量，水 50 毫升

工具

擀面杖、模具、电动打蛋器、刀、搅拌盆、保鲜膜、冰箱

做法

❶ 用 30 毫升水泡软吉利丁片，将 20 毫升水倒入速溶咖啡粉中，制成咖啡液。

❷ 用擀面杖将消化饼干碾碎，装入搅拌盆，倒入无盐黄油，搅匀后倒入底部包有保鲜膜的模具中，压成饼底，放入冰箱冷冻 30 分钟。

❸ 将淡奶油和糖粉倒入另一搅拌盆中，快速打发成奶油霜。

❹ 将吉利丁片滤干水分，隔水加热熔化，倒入奶油霜中，搅匀后倒入咖啡液，搅拌成慕斯液。

❺ 取出饼底，倒入慕斯液，放入冰箱冷藏 4 小时后取出，脱模，切块，在表面挤上打发好的奶油，放上杏仁片装饰即可。

自制丝袜奶茶&红丝绒杯子蛋糕

鲜红的红丝绒蛋糕，配上软滑的奶油奶酪和彩色糖针，搭配香醇的自制丝袜奶茶，在惬意的午后，与恋人共品这份甜蜜下午茶。

自制丝袜奶茶

材料

红茶包1袋，白砂糖少许，牛奶150毫升

做法

❶ 锅中倒入牛奶，放入红茶包，拌匀，开火。

❷ 用中小火略煮，待沸腾时撒上少许白砂糖，拌匀，煮至溶化。

❸ 关火后盛出煮好的奶茶，装入杯中即可。

红丝绒杯子蛋糕

材料

低筋面粉、细砂糖、奶油奶酪各100克，无盐黄油45克，鸡蛋1个，牛奶90毫升，可可粉7克，柠檬汁8毫升，盐、香草精各2克，小苏打2.5克，糖粉30克，红丝绒色素、彩色糖针各适量

工具

烤箱、面粉筛、裱花袋、蛋糕纸杯、搅拌盆、电动搅拌器

做法

❶ 将无盐黄油、盐及细砂糖倒入搅拌盆中，搅匀后倒入打散的蛋液，继续搅匀。

❷ 倒入柠檬汁及牛奶，搅匀后筛入低筋面粉、10克糖粉、可可粉及小苏打，搅拌均匀。

❸ 倒入香草精及红丝绒色素，搅拌均匀，制成蛋糕糊，装入裱花袋中。

❹ 将蛋糕糊垂直挤入蛋糕纸杯中，放入预热至175℃的烤箱中层，烘烤约15分钟，取出后放凉。

❺ 取一新的搅拌盆，倒入奶油奶酪，搅打至顺滑；再倒入20克糖粉，打发后装入裱花袋中，挤在蛋糕表面，撒上彩色糖针装饰即可。

鲜薄荷柠檬茶&黄桃派

厚厚的挞皮，颗粒多多的黄桃，组成一个大大的黄桃派，怎么能独享呢？叫上闺密，约上好友，在这惬意的周末午后，配上几杯鲜薄荷柠檬茶，聊聊属于闺密间的心事儿吧！

鲜薄荷柠檬茶

扫一扫，看视频

材料

鲜薄荷叶少许，柠檬、热红茶、冰糖各适量

做法

❶ 洗净的柠檬切薄片。

❷ 取一个瓷杯，注入备好的热红茶。

❸ 放入柠檬片，加入少许冰糖。

❹ 最后点缀上几片薄荷叶，浸泡一会儿即可饮用。

黄桃派

材料

派皮：细砂糖5克，低筋面粉200克，牛奶60毫升，黄奶油100克；杏仁奶油馅：黄奶油、杏仁粉、细砂糖各50克，鸡蛋1个；装饰：黄桃肉60克

工具

烤箱、刮板、搅拌器、派皮模具、保鲜膜、冰箱

做法

❶ 派皮：将低筋面粉倒在台面上，开窝倒入细砂糖、牛奶，用刮板搅匀，加入黄奶油，用手和成面团。用保鲜膜将面团包好，压平，冷藏30分钟后取出，按压一下，撕掉保鲜膜，压薄。

❷ 将面皮放在派皮模具上，沿边缘贴紧，切去多余的面皮，再沿边缘将面皮压紧。

❸ 杏仁奶油馅：将细砂糖、鸡蛋倒入容器中，拌匀，加入杏仁粉，搅匀后倒入黄奶油，搅成糊状，倒入模具，至五分满，抹匀后放入烤盘。

❹ 将烤盘放入以上、下火180℃预热的烤箱中层，烤约25分钟后取出，放凉后去除模具，装入盘中，摆上切成薄片的黄桃即可。

扫一扫，看视频

玫瑰花茶&杏仁酥

你开心吗？不开心的话，要吃甜甜的杏仁酥，喝香喷喷的玫瑰花茶；开心的话，就更要吃杏仁酥，品玫瑰花茶，谁会介意快乐更多一点呢？

扫一扫，看视频

玫瑰花茶

材料

玫瑰花 8 克，茉莉花 5 克，绿茶叶 15 克

做法

❶ 取一碗清水，倒入备好的材料，清洗干净。
❷ 捞出洗好的材料，沥干水分，待用。
❸ 另取一个玻璃杯，倒入洗好的材料。
❹ 注入适量开水，至八九分满。
❺ 泡约 2 分钟，至散出茶香，趁热饮用即可。

杏仁酥

材料

猪油 78 克，绵白糖 75 克，小苏打 2 克，泡打粉、盐各 1 克，低筋面粉 155 克，全蛋液、杏仁粒各 25 克

工具

烤箱、擀面杖、电动搅拌器、面粉筛、搅拌盆

做法

❶ 将杏仁粒用擀面杖擀碎备用。
❷ 将猪油、绵白糖和盐放入搅打盆中，搅打至呈乳白色，加入全蛋液打匀，再加入小苏打和泡打粉，搅匀成蛋糊。
❸ 把低筋面粉过筛，加入蛋糊搅匀，再加入杏仁碎搅匀成面团。
❹ 将杏仁面团分成6~8个小面团，分别揉圆、稍稍压扁，放在烤盘中，放入烤箱中层，以上、下火170℃烘烤13分钟，取出烤盘调转180度，再烘烤13分钟即可。

迷迭香菊花茶&黄油杯子蛋糕

迷迭香的味道随着热水融入甜甜的菊花中，碰撞出植物交融的奇迹，搭配新潮的黄油杯子蛋糕，这是属于年轻一代的下午茶风格！

迷迭香菊花茶

材料

迷迭香、菊花各少许

做法

❶ 取一个茶杯，放入备好的迷迭香、菊花。
❷ 注入适量开水，至八九分满。
❸ 盖上盖，泡约 3 分钟。
❹ 揭开盖，趁热饮用即可。

黄油杯子蛋糕

材料

无盐黄油 100 克，细砂糖、蛋液各 85 克，盐、泡打粉各 1 克，香草精 2 滴，朗姆酒 5 毫升，低筋面粉 35 克，高筋面粉 50 克，淡奶油、蛋白各 20 克，糖粉 150 克

工具

烤箱、电动打蛋器、面粉筛、裱花袋、蛋糕纸杯、搅拌盆

做法

❶ 将无盐黄油和细砂糖倒入搅拌盆中，用电动打蛋器搅打呈发白状态。
❷ 倒入香草精，搅拌均匀。
❸ 倒入盐及朗姆酒，搅拌均匀。
❹ 分次倒入蛋液，搅拌均匀。
❺ 筛入低筋面粉、高筋面粉和泡打粉，搅拌均匀。
❻ 倒入淡奶油，搅拌均匀，制成蛋糕糊，装入裱花袋中，垂直挤入蛋糕纸杯至八分满。
❼ 将烤箱预热至 180℃，将蛋糕纸杯放入烤箱，烘烤约 20 分钟后，取出，放凉。
❽ 将蛋白和糖粉倒入搅拌盆中，快速打发，装入裱花袋，挤在蛋糕表面即可。

茉莉花茶&葱香三角饼干

茉莉花的淡雅与葱花的辛香碰撞到一起，不仅消除了饼干的油腻感，还把葱香也拉升了几个档次，不知不觉又多吃了几块。

扫一扫，看视频

茉莉花茶

材料

茉莉花 4 克，绿茶叶 3 克

做法

❶ 取一个茶杯，倒入备好的绿茶叶。
❷ 注入适量开水冲洗一下，滤出水分。
❸ 杯中加入备好的茉莉花，再注入适量开水至八九分满。
❹ 盖上盖，泡约 5 分钟。
❺ 揭盖，趁热饮用即可。

葱香三角饼干

材料

中筋面粉 100 克，细砂糖 5 克，盐 3 克，泡打粉 2 克，菜油 10 毫升，全蛋液 20 克，牛奶 20 毫升，葱适量

工具

烤箱、面粉筛、搅拌器、橡皮刮刀、擀面杖、搅拌盆、刀、油纸

做法

❶ 取一搅拌盆，放入过筛的中筋面粉、细砂糖、盐和泡打粉，用搅拌器混合均匀。
❷ 加入全蛋液、菜油、牛奶，用橡皮刮刀翻拌至液体与粉类融合成面团。
❸ 用手将面团压实，加入葱，混合均匀。
❹ 将面团擀成厚度为 3 毫米的面片，切成三角形，放到铺了油纸的烤盘上。
❺ 烤箱预热至180℃，将烤盘置于烤箱中层，烤 10 ~ 12 分钟即成。

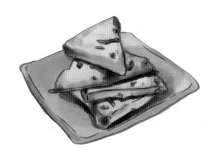

扫一扫，看视频

蜂蜜柠檬菊花茶&蔓越莓吐司

饥肠辘辘？没关系，来份简单的下午茶吧！去掉茶包，去掉繁复的制作
工艺，让蜂蜜柠檬菊花茶搭配蔓越莓吐司，来完成这场充饥之旅！

蜂蜜柠檬菊花茶

材料

柠檬 70 克，菊花 8 克，蜂蜜 12 克

做法

❶ 将洗净的柠檬切成片，备用。

❷ 砂锅中注入适量清水，用大火烧开。

❸ 倒入洗净的菊花，撒上柠檬片，搅拌匀。

❹ 盖上盖，煮沸后用小火煮约 4 分钟，至食材析出营养物质。

❺ 揭盖，轻轻搅拌一会儿。

❻ 关火后盛出煮好的茶水，装入碗中，趁热淋入少许蜂蜜即成。

蔓越莓吐司

材料

高筋面粉270克，低筋面粉30克，奶粉15克，细砂糖10克，酵母粉3克，无盐黄油20克，盐2克，蔓越莓干适量

工具

烤箱、擀面杖、吐司模具、盆、保鲜膜

做法

❶ 将高筋面粉、低筋面粉、细砂糖、酵母粉、奶粉、盐放入大盆中搅拌均匀，加入水，拌匀，揉成团，加入无盐黄油，揉均匀。

❷ 把面团放入盆中，盖上保鲜膜发酵 25 分钟后取出，分成两等份，揉圆，表面喷少许水，松弛 10 ~ 15 分钟，擀成长圆形，由较长的一边，从上自下卷起成柱状，重复此步骤 4 ~ 5 次。

❸ 再次把面团擀成长圆形，在表面撒上蔓越莓干，卷成柱状，放入吐司模具中发酵 120 分钟。每过一段时间可以喷少许水。

❹ 把面团放入预热好的烤箱中层，以上火 90℃、下火 200℃的温度烤约 40 分钟即可。

茉莉花柠檬茶&抹茶红豆饼干

红茶与柠檬、茉莉花的混搭风，加上饼干界的红绿配典范，碰撞出的火花奇妙无比，丝毫不亚于古筝与嘻哈的混搭。

扫一扫，看视频

茉莉花柠檬茶

材料

柠檬 40 克，红茶包、茉莉花各适量，冰糖少许

做法

❶ 把茉莉花倒入凉开水中，浸泡片刻后捞出，备用。

❷ 将洗净的柠檬切成厚薄均匀的片。

❸ 取一个干净的茶壶，放入红茶包，倒入茉莉花。

❹ 注入适量开水，盖上盖，泡约 1 分钟。

❺ 揭开盖，放入备好的柠檬片、冰糖。

❻ 盖上盖，泡至冰糖完全溶化即可。

抹茶红豆饼干

材料

黄油、红豆粒各125克，糖粉87.5克，低筋面粉175克，高筋面粉75克，牛奶75毫升，抹茶粉20克，盐0.8克

工具

烤箱、电动打蛋器、饼干模具、保鲜膜、冰箱、刀

做法

❶ 将黄油、糖粉、盐混合，用电动打蛋器打至发白。

❷ 分 2 次加入牛奶，手动搅匀。

❸ 加入红豆粒，搅匀。

❹ 倒入低筋面粉、高筋面粉和抹茶粉，用手和匀，整成面团，放入饼干模具，包保鲜膜，入冰箱冷冻 10 ～ 20 分钟。

❺ 拿出冻面团，切成厚度为 3 毫米的饼干坯，再整齐地排列在烤盘上。

❻ 烤箱以 165 ～ 170℃预热，将烤盘放入烤箱中层，烘烤 20 分钟即可。

扫一扫，看视频

双花山楂茶&天然南瓜面包

如果怕胖是你拒绝下午茶的理由，那你就落伍了！这款助消化的双花山楂茶，搭配高纤维、低升糖指数的天然南瓜面包，好吃不怕胖，快来试试吧！

扫一扫，看视频

双花山楂茶

材料

金银花 15 克，山楂干 25 克，菊花 10 克

做法

❶ 取一碗清水，倒入金银花、山楂干和菊花，清洗干净。

❷ 捞出材料，沥干水分，放在盘中，待用。

❸ 汤锅置火上，倒入洗好的材料，注入适量清水。

❹ 盖上盖，大火烧开后用小火煮约 20 分钟，至材料析出有效成分。

❺ 揭盖后关火，盛出煮好的山楂茶，装入茶杯中即成。

天然南瓜面包

材料

高筋面粉 270 克，低筋面粉、蜂蜜、无盐黄油各 30 克，酵母粉 4 克，熟南瓜泥 200 克，盐 2 克，南瓜籽适量，牛奶 30 毫升

工具

烤箱、剪刀、盆、保鲜膜、擀面杖

做法

❶ 把牛奶倒入南瓜泥中，拌匀，再加入蜂蜜，拌匀。

❷ 把所有粉类放入大盆中，搅匀。

❸ 加入步骤 1 中的材料，拌匀并揉成团；加入盐和无盐黄油，继续揉至成为一个光滑的面团，放入盆中，盖上保鲜膜发酵 20 分钟。

❹ 取出面团，分成 6 等份，并揉圆，在表面喷少许水，松弛 10 ~ 15 分钟。

❺ 分别把面团稍压平，用剪刀在面团边缘均匀地剪出 6 ~ 8 个小三角形，去掉不要。

❻ 把面团均匀地放在烤盘上，发酵 50 分钟后，表面放上几颗南瓜籽。

❼ 烤箱以上火 175℃、下火 170℃预热，将烤盘置于烤箱中层，烤 16 ~ 18 分钟即可。

扫一扫，看视频

玫瑰柴胡苹果茶&蒸小米发糕

又到下午茶时间，营养又开胃的小米发糕，搭配调畅心情的玫瑰柴胡苹果茶，隐匿了发糕淡淡的酸味，让心情变得更加美好！

扫一扫，看视频

玫瑰柴胡苹果茶

材料

苹果、冰糖各 25 克，柴胡 7 克，玫瑰花苞 5 克

做法

❶ 洗净的苹果切瓣，去籽，去皮，切成小块。

❷ 砂锅中注入适量清水烧开，倒入柴胡，拌匀，用中火煮15分钟至药性析出。

❸ 倒入苹果、玫瑰花苞，加盖，用大火煮 15 分钟至食材有效成分析出。

❹ 揭盖，拌匀，倒入冰糖，搅拌至溶化。

❺ 加盖，用大火焖 5 分钟至入味。

❻ 揭盖，盛出煮好的药茶，装入碗中即可。

蒸小米发糕

材料

小米浆 100 毫升，低筋面粉 160 克，酵母 2.5 克，砂糖 10 克，果干、食用油各适量

工具

蒸锅、烤箱、搅拌器、圆形模具、刷子、刮刀、面粉盆、筷子、保鲜膜

做法

❶ 酵母倒入温水中，搅匀后静置5～10分钟；砂糖倒入小米浆，搅拌至砂糖溶解。

❷ 将小米浆、酵母水和适量清水缓慢倒入面粉盆中，加入低筋面粉，用筷子搅拌成稀面团。

❸ 用刷子在圆形模具底部刷一层油，放入稀面团，铺满模具，刮刀表面蘸点水，将面团表面整理平整。

❹ 用保鲜膜盖住模具，将模具放进烤箱，使用发酵功能。

❺ 将果干切碎，摆在发酵好的面团上。

❻ 将面团放进烧开的蒸锅，大火蒸 30～35 分钟即可。

翠衣香蕉茶&紫薯面包

翠衣带着淡淡的西瓜味道，与有淡淡迷人味道的香蕉组成了一杯水果茶。
品一口紫薯面包，佐以一口茶，静静等待着这一搭配在口中得到升华。

翠衣香蕉茶

扫一扫，看视频

材料

香蕉块150克，西瓜皮（切片）100克，冰糖适量

做法

❶ 砂锅中注入适量清水大火烧热，倒入西瓜皮、香蕉，搅拌片刻。

❷ 盖上盖，大火煮 30 分钟至熟软。

❸ 掀开盖，倒入适量的冰糖。

❹ 盖上盖，继续煮 15 分钟至完全溶化。

❺ 掀开盖，持续搅拌片刻，关火后盛出装入杯中即可。

紫薯面包

材料

面团：高筋面粉 300 克，全蛋液 30 毫升，酵母、改良剂各 4.5 克，糖 60 克，盐 6 克，黄油 30 克，水 165 毫升；内馅：可可粉 30 克，紫薯 113 克，黄油 20 克，糖 10 克

工具

烤箱、刮板、均质机、盆、玻璃碗、保鲜膜、冰箱

做法

❶ 将高筋面粉、酵母、糖、改良剂放入盆中搅匀，倒在台面上开窝，倒入全蛋液、水，拌匀后加入盐，揉至均匀。

❷ 加入黄油，通过揉和甩打使黄油与面团充分融合，盖上玻璃碗松弛 10 ~ 15 分钟。

❸ 将面团分成 70 克一个的小面团，搓圆，放在烤盘上，用保鲜膜盖住，入冰箱冷冻 7 ~ 8 分钟。

❹ 黄油倒进紫薯中，用均质机打成紫薯泥，加入糖，继续打匀。

❺ 取出面团，压扁，包入紫薯并捏紧，揉搓成紫薯状，裹上一层可可粉，放入烤盘中。

❻ 将烤盘放进烤箱中发酵 10 ~ 15 分钟后，以上火 180℃、下火 175℃烤 16 分钟即可。

水果茶&柠檬多拿滋

多重口感的水果茶与多拿滋来了一个激情的碰撞，彼此中的柠檬味道相互呼应，让你在闲时的下午，细细品味它们的相同与不同。

水果茶

材料

雪梨 70 克，苹果 60 克，柠檬片 40 克，菠萝肉 20 克，西瓜肉 85 克，红茶 1 包

做法

❶ 将洗净的雪梨、苹果取果肉，切丁。

❷ 将菠萝肉、西瓜肉分别切丁。

❸ 取一个玻璃杯，倒入切好的水果，放入柠檬片和红茶，注入适量沸水。

❹ 盖上盖，泡约 3 分钟，至红茶散发出香味。

❺ 揭盖，拣出红茶包，趁热饮用即可。

柠檬多拿滋

材料

马铃薯 100 克（蒸熟后压成泥），高筋面粉 270 克，低筋面粉、无盐黄油各 30 克，酵母粉 2 克，细砂糖 50 克，盐 1 克，鸡蛋 1 个，牛奶 80 毫升，柠檬蛋黄酱、细砂糖、食用油各适量（表面装饰）

工具

裱花袋、盆、保鲜膜、剪刀、锅、搅拌器

做法

❶ 将高筋面粉、低筋面粉、酵母粉放入盆中，搅匀，再打入鸡蛋，倒入牛奶、细砂糖和马铃薯泥，拌匀并揉成面团。

❷ 加入无盐黄油和盐，通过揉和甩打使材料被面团完全吸收；将面团揉圆，放入盆中，包上保鲜膜发酵约 30 分钟。

❸ 将柠檬蛋黄酱装入裱花袋中，尖角处剪个 1 厘米的孔。

❹ 取出面团，分成 6 等份，表面喷少许水，松弛 10 ~ 15 分钟后稍压扁，分别挤入少许柠檬蛋黄酱，收口捏紧并揉圆，静置发酵约 50 分钟。

❺ 锅中倒油，烧热后将小面团放入锅内炸至金黄色，起锅，在面包表面撒上一层细砂糖装饰即可。

第3章

醇香咖啡，雕刻午后静谧时光

咖啡，

为研磨时光而来。

在每一个悠闲的午后，

青春会逝去，

我们在不断前行，

但美好的时光与记忆，

却留在了那一抹醇香之中。

意式浓缩咖啡&甜蜜奶油杯子蛋糕

啜饮一口简单却浓厚的意式浓缩咖啡，静静品味其中的真味，再尝一口甜美的蛋糕，让些许苦涩融合蛋糕的丝丝甜蜜，心情也随之变得妙不可言。

意式浓缩咖啡

材料

咖啡豆 20 克

做法

❶ 将咖啡豆用磨豆机磨成粉。

❷ 用粉锤将咖啡粉压平。

❸ 将手柄安装在意式咖啡机上，开始萃取，用咖啡杯盛装即可。

甜蜜奶油杯子蛋糕

材料

无盐黄油 180 克，细砂糖 50 克，炼奶 80 克，牛奶 20 毫升，鸡蛋 2 个，低筋面粉 120 克，泡打粉 2 克，糖粉 30 克，彩色糖针适量

工具

烤箱、搅拌器、裱花袋、面粉筛、蛋糕纸杯、搅拌盆

做法

❶ 在搅拌盆中倒入细砂糖及 80 克无盐黄油，搅拌均匀。

❷ 分次倒入鸡蛋，搅拌均匀。

❸ 再分次倒入炼奶、牛奶，搅拌均匀。

❹ 筛入低筋面粉及泡打粉，搅拌均匀，制成蛋糕糊。

❺ 将蛋糕糊装入裱花袋中，垂直挤入蛋糕纸杯至八分满，放进预热至 175℃的烤箱中层，烘烤约 20 分钟，取出，放凉。

❻ 将糖粉和剩余无盐黄油倒入搅拌盆中，快速打发，再装入裱花袋中，以螺旋状挤在蛋糕表面，撒上彩色糖针即可。

绿森林咖啡&舒芙蕾

　　轻抿一口绿森林咖啡，牛油果的柔滑使咖啡的口感更加香醇，搭配如云朵般轻盈的舒芙蕾，赏心悦目的外表，美酒般醉人的美味，令人心旷神怡、回味无穷。

扫一扫，看视频

绿森林咖啡

材料

牛油果 120 克，意式浓缩咖啡 30 毫升，冰激凌、淡奶油、巧克力酱各适量

做法

❶ 将牛油果取出果核，用勺子将牛油果肉挖出，放入榨汁机中。

❷ 加入淡奶油，用榨汁机将其打成牛油果泥。

❸ 向备好的玻璃杯中放入冰激凌，挤上适量巧克力酱。

❹ 倒入一半牛油果泥，再放入冰激凌，挤上巧克力酱。

❺ 倒入剩余的牛油果泥，放入冰激凌，挤上巧克力酱。

❻ 将意式浓缩咖啡沿着杯壁倒入杯中即可。

舒芙蕾

材料

细砂糖 55 克，低筋面粉 30 克，牛奶190 毫升，香草荚 2 克，无盐黄油 10 克，柠檬皮 1 个，蛋黄、蛋白各 3 个

工具

烤箱、面粉筛、电动打蛋器、陶瓷杯、搅拌盆、裱花袋、搅拌器

做法

❶ 将蛋黄和 30 克细砂糖倒入搅拌盆中，搅匀，再筛入低筋面粉，搅匀。

❷ 将香草荚加入牛奶中，煮至沸腾，分 3 次倒入步骤 1 中，搅拌均匀后倒入钢盆中，边加热边搅拌至浓稠状态，再倒入无盐黄油及柠檬皮搅匀，制成蛋黄糊。

❸ 将蛋白和 25 克细砂糖倒入另一搅拌盆中，用电动打蛋器打发成蛋白霜。

❹ 将 1/3 的蛋白霜倒入蛋黄糊中，搅匀，再倒回剩余的蛋白霜中，搅匀，制成蛋糕糊，装入裱花袋。

❺ 将蛋糕糊挤入陶瓷杯中，放在烤盘上，在烤盘中倒入热水，放进预热至 190℃ 的烤箱中层，烘烤约 30 分钟即可。

扫一扫，看视频

摩卡咖啡&柠檬玛芬

在一个温暖怡人的午后，捧上一杯刚刚调好的摩卡咖啡，伴着书香自饮，间或品尝一两块温热绵密、松软清爽的柠檬玛芬，食物的美味与阅读的充实让人只想沉醉其中。

扫一扫，看视频

摩卡咖啡

材料

牛奶 250 毫升，咖啡豆 15 克，水 50 毫升，巧克力酱、淡奶油各适量

做法

❶ 将咖啡豆放入磨豆机中，磨成粉后放入摩卡壶的粉槽中。

❷ 向摩卡壶的下座倒入适量冷水。

❸ 将摩卡壶的上座与下座连接起来，放在燃气炉上加热 3 ~ 5 分钟，萃取咖啡。

❹ 向咖啡杯中挤入适量巧克力酱，倒入煮好的咖啡，搅拌均匀，倒入加热好的牛奶，搅拌均匀。

❺ 将淡奶油倒入奶油枪中，往杯子上挤上打发好的淡奶油，淋上适量巧克力酱即可。

柠檬玛芬

材料

无盐黄油 50 克，细砂糖 80 克，鸡蛋 1 个，低筋面粉 120 克，泡打粉 2 克，牛奶 50 毫升，柠檬皮少许

工具

烤箱、搅拌器、面粉筛、裱花袋、蛋糕纸杯、搅拌盆

做法

❶ 将无盐黄油及细砂糖倒入搅拌盆中，搅拌均匀。

❷ 分 2 次加入打散后的鸡蛋，搅拌均匀。

❸ 筛入 1/3 的低筋面粉，搅拌均匀。

❹ 倒入牛奶，搅拌均匀。

❺ 筛入泡打粉和剩余的低筋面粉，搅拌均匀。

❻ 倒入切成丝的柠檬皮，搅拌均匀，制成蛋糕糊。

❼ 将蛋糕糊装入裱花袋中，垂直挤入蛋糕纸杯。

❽ 将蛋糕纸杯放进预热至180℃的烤箱中层，烘烤约 25 分钟取出即可。

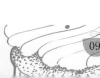

黄油咖啡&抹茶瑞士卷

　　品一口香醇的黄油咖啡，咖啡的醇厚中带着丝滑的柔美，这滋味又被黄油渲染得更为浓郁。搭配一块绿意盎然的抹茶瑞士卷，细腻的口感，养眼的色泽，给人味觉与视觉的双重享受。

扫一扫，看视频

黄油咖啡

材料

黄油 30 克，咖啡豆 15 克，冷水 50 毫升

做法

❶ 将咖啡豆放入磨豆机中，磨成粉后放入摩卡壶的粉槽中。

❷ 向摩卡壶的下座倒入适量冷水。

❸ 将摩卡壶的上座与下座连接起来，放在燃气炉上加热 3 ~ 5 分钟，萃取咖啡。

❹ 将煮好的咖啡倒入装有黄油的咖啡杯中，搅拌均匀即可。

抹茶瑞士卷

材料

海绵蛋糕预拌粉 250 克，鸡蛋 5 个，淡奶油 100 克，植物油 60 毫升，抹茶粉 8 克，白砂糖适量

工具

烤箱、电动搅拌器、长柄刮板、奶油抹刀、油纸、不锈钢盆、玻璃碗、冰箱

做法

❶ 将海绵蛋糕预拌粉、水、鸡蛋依次倒入不锈钢盆中，用电动搅拌器搅匀后打发。

❷ 用适量热水溶解抹茶粉，倒入打发好的面糊中，用长柄刮板搅匀，再倒入植物油，继续搅匀。

❸ 烤盘中放入油纸，倒入搅好的面糊，在桌面轻敲几下，把气泡排出来。

❹ 将烤盘放入预热好的烤箱中层，以上、下火 160℃，烤制 30 分钟。

❺ 在玻璃碗中倒入淡奶油，加入适量白砂糖，打发。

❻ 桌上铺一层油纸，放上烤好的蛋糕，涂一层淡奶油，卷起来，放冰箱冷藏 10 分钟后取出，用奶油抹刀切成圆片即可。

扫一扫，看视频

卡布奇诺&蔓越莓雪球饼干

　　特浓咖啡的浓郁口味，配以天鹅绒般质感的丝滑奶泡，让卡布奇诺有着让人无法抗拒的独特魅力。再尝几块酸甜可口的蔓越莓雪球饼干，感觉空气中都充满了香醇甜美的气息。

卡布奇诺

材料

意式浓缩咖啡 30 毫升，牛奶适量

做法

❶ 用意式咖啡机的蒸汽杆将牛奶打出奶泡。

❷ 将意式浓缩咖啡注入咖啡杯中。

❸ 将打好的奶泡在浓缩咖啡中倒入一个白点即可。

蔓越莓雪球饼干

材料

无盐黄油 50 克，糖粉、蔓越莓粉各 20 克，玉米淀粉 10 克，杏仁粉 30 克，盐 1 克，低筋面粉 55 克，细砂糖 15 克，蔓越莓干适量

工具

烤箱、电动搅拌器、面粉筛、碗、保鲜膜、冰箱

做法

❶ 取一碗，倒入室温下软化的无盐黄油、细砂糖和盐，用电动搅拌器搅打至顺滑蓬松。

❷ 筛入低筋面粉、玉米淀粉、蔓越莓粉，加入杏仁粉，搅匀至没有干粉。

❸ 面团中加入切碎的蔓越莓干，揉匀后裹上保鲜膜，放入冰箱冷藏 1 小时。

❹ 取出面团，分割成每个 8 克的面团，揉成圆球，放入烤盘中。

❺ 将烤盘放入预热至 170℃ 的烤箱中层，烤 15 分钟后取出，稍晾一会儿放入装有糖粉的碗中，翻动饼干使其均匀沾满糖粉即可。

跳舞的拿铁&美味甜甜圈

一杯能让舌尖跳舞的拿铁，牛奶与咖啡的层次酝酿出曼妙的视觉效果；一份能让味蕾感动的甜甜圈，圆满的外形与讨喜的名字相得益彰。两者的奇妙组合带来的是味觉和视觉的双重满足。

扫一扫，看视频

跳舞的拿铁

材料

意式浓缩咖啡 30 毫升，牛奶 300 毫升，香草糖浆 10 毫升，冰块适量

做法

① 向玻璃杯中挤入香草糖浆。
② 将冰块倒入杯中。
③ 再向杯中注入牛奶。
④ 最后倒入意式浓缩咖啡，饮用时搅拌均匀即可。

美味甜甜圈

材料

高筋面粉250克，奶粉10克，细砂糖50克，酵母粉2克，盐3克，鸡蛋12克，橄榄油25毫升，糖粉适量，水145毫升

工具

锅、擀面杖、盆、搅拌器

做法

① 把高筋面粉、奶粉、酵母粉、细砂糖、盐放入盆中，搅匀，再打入鸡蛋，倒入水和橄榄油，拌匀成团。
② 将面团放在操作台上，揉至可以撑出薄膜，放入盆中发酵 20 分钟。
③ 取出面团，分成 2 等份，揉圆，表面喷少许水，松弛 10 ～ 15 分钟。
④ 分别把两个面团擀成长圆形，卷起成长圆筒状，再将其中一端搓尖，另一端往外推压变薄，将面团尖端放置于压薄处，捏紧收口，放在烤盘中，发酵 50 分钟。
⑤ 锅中放油，待烧热后放入面团，炸至表面金黄，捞出放凉，在表面撒少许糖粉装饰即可。

扫一扫，看视频

郁金香咖啡&焦糖布丁

　　唯美的拉花搭配焦糖色的诱惑，这是郁金香咖啡与焦糖布丁别样的美丽。浓郁的咖啡香，香醇的奶味，丰富细腻的口感，入口即化的嫩滑，每一口都让人忍不住为之倾倒。

郁金香咖啡

材料

牛奶适量，意式浓缩咖啡 30 毫升

做法

❶ 准备好意式浓缩咖啡和打发好的牛奶，降低奶缸高度将打发好的牛奶注入意式浓缩咖啡中，至五分满。

❷ 杯子倾斜，降低缸嘴高度离液面 1 厘米以下，在杯子中间注入牛奶，保证奶缸高度与牛奶流速的同时均匀来回摆动。

❸ 在 1/3 的位置重复一次以上动作，倒出一个更小一点的圆形。

❹ 重复一次以上动作，倒出一个更小一点的圆形。

❺ 再重复一次以上动作，倒出一个更小一点的圆形，最后收细水流提高收尾。

焦糖布丁

材料

全蛋液 45 毫升，牛奶 100 毫升，水 15 毫升，糖 75 克，香草精 0.3 毫升

工具

烤箱、瓷杯、瓷碟、搅拌器、筛网、锅、搅拌盆、勺子

做法

❶ 锅中倒水，加入 60 克糖，慢火煮成焦糖，倒入瓷杯中冷却。

❷ 将全蛋液和 15 克糖倒入搅拌盆，搅匀。

❸ 锅中依序倒入牛奶、香草精，加热至 40℃。

❹ 将牛奶混合液一边搅拌一边倒入蛋糊中，搅匀后过筛制成布丁水。

❺ 用勺子将布丁水舀入瓷杯中，放在烤盘上。

❻ 烤盘中加水，放入预热好的烤箱中层，以上火 150℃、下火 120℃烤 40 分钟后取出，倒扣在瓷碟上脱杯即可。

焦糖玛奇朵&经典白吐司

绵软奶泡与焦糖酱为每一杯焦糖玛奇朵刻下了甜蜜的印记,焦糖的香甜,奶泡的轻柔,中和了意式浓缩咖啡的苦味,搭配极简原料酝酿出的经典白吐司,本色的美味让人着迷。

焦糖玛奇朵

材料

意式浓缩咖啡 30 毫升，香草糖浆 10 克，奶泡 150 毫升，焦糖酱适量

扫一扫，看视频

做法

❶ 在咖啡杯中挤入香草糖浆。
❷ 倒入用鲜奶打至发泡的奶泡。
❸ 将意式浓缩咖啡倒入咖啡杯中。
❹ 最后再挤上焦糖酱装饰即可。

经典白吐司

材料

高筋面粉 270 克，低筋面粉 30 克，奶粉 15 克，细砂糖 10 克，酵母粉 3 克，无盐黄油 20 克，盐 2 克，水 205 毫升

工具

烤箱、擀面杖、吐司模具、盆、保鲜膜、搅拌器

做法

❶ 将高筋面粉、低筋面粉、奶粉、酵母粉、细砂糖放入盆中搅匀，加水拌匀并揉成团，再加入无盐黄油、盐，揉匀。
❷ 把面团放入盆中，盖上保鲜膜发酵 25 分钟后取出，分成 2 等份，揉圆，表面喷少许水，松弛 10 ~ 15 分钟。
❸ 将面团擀成长圆形，自前往后卷起成柱状，两端收口捏紧；将面团旋转 90 度，再擀成长圆形，重复此步骤 4 ~ 5 次。
❹ 将面团放入吐司模具中，盖上盖子，发酵 120 分钟，至面团顶住盖子。
❺ 将吐司模具放在烤盘上，放入以上火 210℃、下火 190℃预热的烤箱中层，烤约 40 分钟即可。

扫一扫，看视频

越南咖啡&奥利奥可可曲奇

　　伴着咖啡的氤氲缓缓地搅拌，享受着杯子里散发出的浓香，入口是咖啡包裹的炼乳浓醇，品饮间隙尝几块酥脆可口、酸甜清新的奥利奥可可曲奇，唇齿间流转的都是幸福的美味。

越南咖啡

材料

越南咖啡豆 12 克，炼乳适量，热水 150 毫升

做法

❶ 将越南咖啡豆放入磨豆机中，磨成粉状（比细砂糖粗一些的粉末）。

❷ 用少量热水润湿滴滤壶，放入研磨好的咖啡粉，轻轻晃一下，使咖啡粉平整。

❸ 在咖啡粉上放入压板，轻轻按压，即完成萃取准备。

❹ 在玻璃杯底部倒入炼乳，铺满杯底，向备好的滴滤壶中倒入热水。

❺ 将盖上盖子的滴滤壶放置在装有炼乳的杯子上方，待热水全部滴落下来。

❻ 萃取结束后取下滴滤壶，饮用时搅拌均匀即可。

奥利奥可可曲奇

材料

无盐黄油150克，黄砂糖100克，细砂糖、奥利奥饼干碎各20克，盐、泡打粉各2克，鸡蛋液50克，低筋面粉195克，杏仁粉30克，入炉巧克力35克

工具

搅拌盆、面粉筛、烤箱、保鲜膜、冰箱、刀、橡皮刮刀

做法

❶ 无盐黄油室温软化，放入搅拌盆中，加入细砂糖，用橡皮刮刀搅拌均匀。

❷ 加入黄砂糖，拌匀，分次加入蛋液，每次加入都需要搅拌均匀。

❸ 加入盐、泡打粉、杏仁粉，倒入切碎的巧克力，使其均匀分布，筛入低筋面粉。

❹ 切拌至无干粉的状态，得到一个光滑的黄油面团，包保鲜膜，放入冰箱冷冻15分钟。

❺ 拿出后，将面团整成圆柱形，再次放入冰箱冷冻15分钟。

❻ 取出面团，在表面撒上奥利奥饼干碎装饰。

❼ 将面团切成厚度为 4 毫米的饼干坯，整齐排列在烤盘上。

❽ 放进预热180℃的烤箱中层，烘烤12～15分钟即可。

芬兰芝士咖啡&松饼

　　寒冷的冬日，手捧一杯冒着热气和醇香的芬兰芝士咖啡，品尝几块松软香甜的松饼，品味柔和中带有质感的变化，就这样陶醉在温暖自在的冬日下午茶时光里。

扫一扫，看视频

芬兰芝士咖啡

材料

黑咖啡 150 毫升，芝士块适量

做法

❶ 用喷枪将芝士块火烤，至表面有点烧焦的程度。

❷ 将烤好的芝士放入咖啡杯中。

❸ 最后冲入黑咖啡，饮用时拌匀即可。

松饼

材料

松饼预拌粉 250 克，鸡蛋 1 个，植物油 70 毫升，白砂糖适量，清水适量

工具

松饼机、玻璃碗

做法

❶ 在玻璃碗中依次倒入松饼预拌粉、鸡蛋、植物油和适量水，混合均匀。

❷ 将揉好的面团平均分成两份，用手弄平，面饼两面均粘上白砂糖。

❸ 松饼机预热 1 分钟后，放入面饼，盖上盖子烤 5 分钟即可。

扫一扫，看视频

冰晶咖啡&抹茶芒果戚风卷

　　这是一对高颜值的组合，亮晶晶的冰晶咖啡碰上色彩鲜明的抹茶芒果戚风卷，让人眼前一亮；这也是一对美味的组合，带给味蕾微苦与香甜的交错，激情与热烈的碰撞。

冰晶咖啡

材料

冰滴咖啡 200 毫升，柠檬汁 30 毫升，黄砂糖 5 克，柠檬片 1 片，冰块适量

做法

❶ 将柠檬汁倒入备好的杯子中。

❷ 向杯中加入冰块。

❸ 倒入备好的冰滴咖啡。

❹ 撒入黄砂糖，轻轻摇晃一会儿，使黄砂糖沉入杯底。

❺ 放入柠檬片，饮用时搅拌均匀即可。

抹茶芒果戚风卷

材料

蛋黄、蛋白各 3 个，糖粉 100 克，抹茶粉 10 克，牛奶 40 毫升，色拉油 30 毫升，低筋面粉 50 克，淡奶油 200 克，芒果丁适量

工具

烤箱、面粉筛、电动打蛋器、油纸、搅拌盆、冰箱、刀

做法

❶ 将牛奶与色拉油倒入搅拌盆中，搅匀后倒入 35 克糖粉，筛入低筋面粉及抹茶粉，搅匀，再倒入蛋黄，搅匀成蛋黄糊。

❷ 另取一搅拌盆，倒入蛋白及 35 克糖粉打发，制成蛋白霜。

❸ 将 1/3 的蛋白霜倒入蛋黄糊中，搅匀，再倒回剩余的蛋白霜中，搅匀，制成蛋糕糊。

❹ 将蛋糕糊倒在铺好油纸的烤盘上，抹平，放进预热至 220℃的烤箱中层，烤 8 ~ 10 分钟。

❺ 将淡奶油及 30 克糖粉倒入搅拌盆中，用电动打蛋器打发。

❻ 取出烤好的蛋糕体，撕下油纸，放凉，抹上已打发的淡奶油，均匀撒上芒果丁，卷起，放入冰箱冷藏定型，取出切成块即可。

卡布奇诺冰咖啡&轻乳酪芝士蛋糕

　　冷藏过也掩盖不住香浓气息的卡布奇诺冰咖啡，搭配温柔含蓄的轻乳酪芝士蛋糕，让空气里弥漫的都是丰腴富足的奶味，柔滑细腻、冰凉清爽的口感刺激着味蕾，令人无比沁醒畅快。

卡布奇诺冰咖啡

材料

咖啡100毫升，打发奶泡100克，肉桂粉适量，牛奶150毫升

做法

❶ 将咖啡装在杯中，倒入牛奶，搅拌一会儿，使两者完全融合。

❷ 盖上保鲜膜，封好杯口，放入冰箱冷藏30分钟。

❸ 取出冷藏好的牛奶咖啡，去除保鲜膜。

❹ 另取一个杯子，倒入冷藏好的牛奶咖啡。

❺ 铺上打发奶泡，撒上备好的肉桂粉即成。

轻乳酪芝士蛋糕

材料

奶油奶酪125克，牛奶130毫升，蛋黄、蛋白各3个，糖粉80克，低筋面粉、玉米淀粉各15克，镜面果胶适量

工具

烤箱、软刮、锡纸、面粉筛、电动打蛋器、活底蛋糕模具、搅拌盆、油纸、刷子

做法

❶ 将奶油奶酪放入搅拌盆中，用软刮搅匀，然后分次加入牛奶，搅匀后筛入低筋面粉、玉米淀粉及40克糖粉，搅匀，再倒入蛋黄，搅匀，制成芝士糊。

❷ 将蛋白及40克糖粉倒入另一搅拌盆中，用电动打蛋器打发，制成蛋白霜。

❸ 将1/3蛋白霜倒入芝士糊中，搅匀后倒回至剩余的蛋白霜中，搅匀，制成蛋糕糊。

❹ 模具内部垫上油纸，倒入蛋糕糊，模具底部包好锡纸，放入加了适量水的烤盘。

❺ 将烤盘放进预热至170℃的烤箱中层，烘烤约30分钟取出，在蛋糕表面刷上镜面果胶，待凉，脱模即可。

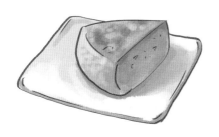

扫一扫，看视频

雪顶咖啡&棋子豆

　　冰激凌和咖啡仿佛是天生的一对，前者的甜腻使后者愈发香滑、柔和；搭配一颗颗不起眼的棋子豆，没有复杂的手艺、华丽的外表，却给人朴实的美味。

雪顶咖啡

材料

速溶咖啡粉 10 克，冰激凌球 2 个，冰块适量

做法

❶ 取一空杯，倒入速溶咖啡粉。

❷ 加入开水，搅拌均匀。

❸ 放凉后封上保鲜膜，放入冰箱冷藏 30 分钟。

❹ 取出冷藏好的咖啡，去掉保鲜膜。

❺ 加入冰块，放入冰激凌球即可。

棋子豆

材料

面粉 200 克，茴香、白芝麻各适量，苏打粉 0.5 克，酵母 2 克，盐 2.5 克，色拉油 20 毫升，豌豆淀粉 30 克，鸡蛋 60 克

工具

烤箱、擀面杖、油纸、盆、刀

做法

❶ 将面粉倒入盆中，加入其他材料，加适量清水，拌匀并揉成光滑的面团。

❷ 将面团静置片刻，饧发至约原来的两倍大。

❸ 饧发好的面团撒上适量面粉，用擀面杖将面团擀成厚约半厘米的面片。

❹ 将面片切成宽约半厘米的长条，再切成小面丁，分散开，制成棋子豆生坯。

❺ 将生坯均匀地放入垫有油纸的烤盘上。

❻ 将烤盘放入预热好的烤箱中层，以上、下火 180℃烤 20 分钟后取出即可。

扫一扫，看视频

摩卡冰咖啡&千丝水果派

经典的摩卡冰咖啡与缤纷的千丝水果派，这美妙的组合就像一双手，紧紧抓住你的胃，吃到嘴里，香、滑、甜、酸混合在一起，品味层次丰富的不同口感，让咀嚼的每一口都很愉悦。

摩卡冰咖啡

材料

咖啡、牛奶各 100 毫升，可可粉 20 克，打发鲜奶油 50 克，冰块适量

做法

❶ 把可可粉倒入杯中，注入牛奶，搅匀。

❷ 倒入咖啡，快速搅拌一会儿，至可可粉完全溶化。

❸ 用保鲜膜封好杯口，冷藏约 30 分钟。

❹ 取出冷藏好的冰咖啡。

❺ 去除保鲜膜。

❻ 再加入备好的冰块，铺上打发鲜奶油即可。

千丝水果派

材料

派底：面粉 340 克，黄油 200 克，水 90 毫升；派心：鸡蛋 75 克，细砂糖 100 克，低筋面粉 200 克，肉桂粉 1 克，胡萝卜丝 80 克，菠萝干 70 克，核桃 60 克，黄油 50 克；装饰：新鲜水果（草莓、蓝莓、红加仑等）适量

工具

烤箱、擀面杖、刮板、长柄刮板、派模、玻璃碗、刀

做法

❶ 把派底材料倒入空玻璃碗，边倒边搅匀，并揉成团。

❷ 将面团放入派模，用擀面杖擀成面饼，用刮板刮下边缘多余的面，擀成条状，绕模具内部一圈，并将模具放进烤箱，上火 180℃、下火 160℃烘烤约 15 分钟。

❸ 把黄油、细砂糖、鸡蛋倒入碗中拌匀，再倒入派心剩余材料，搅拌均匀。

❹ 取出派底，用长柄刮板将派心放进派底中，整平表面后放进烤箱中层，上火 180℃、下火 160℃烘烤约 25 分钟。

❺ 取出烤好的派，待其冷却后用新鲜水果装饰即可。

扫一扫，看视频

牛奶冰咖啡&流心菠萝吐司塔

　　牛奶的润滑搭配咖啡的浓醇，再加上冰块的冷冽，成就了香滑的牛奶冰咖啡，搭配有着柔软内心的流心·菠萝吐司塔，你会期望这样的下午茶组合永远都不要分开。

牛奶冰咖啡

材料

牛奶 100 毫升，速溶咖啡粉 30 克，冰块适量

做法

❶ 取一杯子，倒入速溶咖啡粉。

❷ 加入开水，搅拌均匀。

❸ 再倒入牛奶，搅拌均匀。

❹ 待放凉后封上保鲜膜，放入冰箱冷藏 30 分钟。

❺ 取出冷藏好的牛奶咖啡，撕开保鲜膜，放入冰块即可。

流心菠萝吐司塔

材料

菠萝 150 克（带芯称），吐司 2 片，奶酪 1 片，玉米淀粉 5 克，砂糖适量，清水适量

工具

不粘平底锅、烤箱、擀面杖、刀、纸杯

做法

❶ 将菠萝去芯，切成小块，倒入不粘平底锅中，加入砂糖，炒干水分。

❷ 将玉米淀粉、清水调成水淀粉，倒入锅中，搅拌均匀，形成菠萝馅。

❸ 切去吐司片四周的硬边，用擀面杖擀薄，并在四边各切一小刀，但不要切断。

❹ 将 1 片奶酪切 3 刀，分成 2 个宽条、2 个窄条，宽条搓成卷型，窄条切成小方片。

❺ 将吐司片放入纸杯中，放入菠萝馅、卷好的奶酪卷，再盖上一层菠萝馅，在表面铺上奶酪片。

❻ 放入预热好的烤箱中层，以上、下火 180℃烤 12 分钟，至吐司微焦即可。

扫一扫，看视频

果汁与糖水，我的甜蜜午茶日记

一杯果汁，

一碗糖水，

一份点心，

或冷或暖，

或酸或甜，

却总是恰到好处。

让身体与灵魂，

在这里暂时安放，

不负午后好时光。

桃子苹果汁&蔓越莓芝士球

　　甘甜爽口的桃子苹果汁遇上香浓绵软的蔓越莓芝士球，清爽的果味，浓郁的芝香，伴着微酸的蔓越莓，甜而不腻的搭配让人沉醉不已，只想远离尘嚣，停留在这样一个轻松惬意的午后。

扫一扫，看视频

桃子苹果汁

材料

桃子 45 克，苹果 85 克，柠檬汁少许

做法

❶ 洗好的桃子、苹果切开，去核，果肉切成
小块，备用。

❷ 取榨汁机，选择搅拌刀座组合，放入苹果、
桃子。

❸ 倒入柠檬汁和适量矿泉水。

❹ 盖上盖，选择"榨汁"功能，榨取汁水。

❺ 断电后倒出果汁，装入杯中即可。

蔓越莓芝士球

材料

高筋面粉250克，酵母粉、麦芽糖各2
克，盐5克，无盐黄油7克，蔓越莓干50
克（温水泡软），芝士（切丁）110克

工具

烤箱、刮刀、剪刀、盆、保鲜膜

做法

❶ 将高筋面粉、酵母粉放入盆中，加入麦芽
糖、水，拌匀后揉成团。

❷ 面团中加入无盐黄油和盐，通过揉和甩打
将面团混合均匀。

❸ 包入蔓越莓干，收口捏紧，用刮刀将面团
切成 4 等份，叠加在一起，揉均匀。

❹ 把面团放入盆中，盖上保鲜膜发酵 20 分
钟后取出，分成 4 等份，并揉圆，表面喷
少许水，松弛 10 ~ 15 分钟。

❺ 分别把面团稍压扁，包入 2 块芝士丁，收
口捏紧，均匀地放在烤盘上，发酵 55 分钟。

❻ 在面团表面撒上少许高筋面粉，用剪刀剪
出十字，放入以上火 240℃、下火 220℃
预热的烤箱中层，烤 15 分钟即可。

扫一扫，看视频

樱桃梨子汁&牛油果五香牛肉三明治

　　春日的午后，品饮着清甜可口的樱桃梨子汁，再尝一口牛油果五香牛肉三明治，牛油果的顺滑绵密慢慢在唇齿间流转，牛肉的浓香随着咀嚼渐渐布满味蕾，显露充满层次的味道。

樱桃梨子汁

材料

樱桃120克，梨子50克，去皮冬瓜100克，盐适量

做法

❶ 用盐水将樱桃浸泡一段时间，去除核备用。
❷ 将洗净的冬瓜、梨子去皮，切成块状。
❸ 将备好的樱桃、冬瓜块、梨子块一起倒入榨汁机中，盖上盖。
❹ 选择"榨汁"功能，搅拌成液体状态。
❺ 断电后倒出果汁，装入杯中即可。

牛油果五香牛肉三明治

材料

全麦吐司 3 片，洗净的紫洋葱 1/4 个，牛油果半个，卤牛肉 120 克，洗净的生菜 2 片，柠檬汁少许，黄油、盐、胡椒粉各适量

工具

烤箱、刀

做法

❶ 将紫洋葱切丝，牛油果去皮后切成片，卤牛肉切薄片。
❷ 取 2 片吐司，单面涂抹黄油，放入烤箱中层，以上、下火 200℃烤约 3 分钟后取出。
❸ 在抹黄油的面上放上卤牛肉、牛油果，浇上柠檬汁，撒上盐、胡椒粉，再摆上洋葱丝、生菜。
❹ 将其中一片吐司叠放在另一片吐司上，最后盖上剩下的一片吐司，对半切开即可。

菠萝木瓜汁&糖粒面包

　　热带水果与牛奶的奇妙组合，外表酥脆、内心柔软的糖粒面包，果汁与面包的甜蜜惬意赶走了内心的焦虑和压力，带给我们与众不同的体验，使我们更轻松地享受午后的悠闲时光。

菠萝木瓜汁

材料

菠萝肉 180 克，木瓜 60 克，牛奶 300 毫升

做法

❶ 洗净的木瓜切开，去瓤，去皮，再切成小块，待用。

❷ 菠萝肉切开，再切成小丁块。

❸ 取榨汁机，选择搅拌刀座组合。

❹ 倒入木瓜、菠萝肉，注入备好的牛奶。

❺ 盖好盖，选择"榨汁"功能，榨取果汁。

❻ 断电后倒出榨好的果汁，装入杯中即可。

糖粒面包

材料

面团：高筋面粉 350 克，细砂糖、无盐黄油各 30 克，酵母粉 2 克，盐 1 克，水 200 毫升；表面装饰：全蛋液适量，无盐黄油 30 克（软化后装入裱花袋中备用），细砂糖 8 克

工具

烤箱、裱花袋、剪刀、刷子、盆、保鲜膜

做法

❶ 将高筋面粉、细砂糖、酵母粉放入盆中搅匀，加水，揉成团，加入无盐黄油和盐，继续揉匀。

❷ 把面团放入盆中，包上保鲜膜，发酵 25 分钟。

❸ 取出发酵好的面团，分成 5 等份，揉圆，放在烤盘上发酵 50 分钟。

❹ 在发酵好的面团表面刷上全蛋液，撒上细砂糖，用剪刀在面团表面剪出一字形，再在剪出的切面上挤上无盐黄油。

❺ 烤箱以上火 175 ℃、下火 165℃预热，将烤盘置于烤箱中层，烤 18 ~ 20 分钟，取出即可。

鲜橙葡萄柚多C汁&蓝莓派

饮一口微酸的鲜橙葡萄柚多C汁，全身顿时清爽无比，再尝一口可口的蓝莓派，舌尖香甜萦绕，仿若全身沉睡的细胞都被充盈的维C唤醒，顿感活力十足，神清气爽。

鲜橙葡萄柚多 C 汁

扫一扫，看视频

材料

葡萄柚、橙子各 1 个，柠檬 1/8 个

做法

❶ 葡萄柚横向对切，用手动榨汁机榨汁。

❷ 橙子去皮，切成一口大小。

❸ 柠檬挤出汁。

❹ 将橙子放入榨汁机，倒入葡萄柚汁、柠檬汁，启动榨汁机，待其充分搅拌均匀，倒入杯中即可。

蓝莓派

材料

派底：面粉 340 克，水 90 毫升，黄油 200 克；派心：芝士 190 克、细砂糖 75 克，鸡蛋 50 克，淡奶油 150 克；装饰：蓝莓 70 克

工具

烤箱、擀面杖、派模、裱花袋、剪刀、长柄刮板、玻璃碗

做法

❶ 把派底材料倒进玻璃碗中，加水搅拌均匀，用擀面杖擀成薄片，放进派模成型。

❷ 将派底放在烤盘中，用剪刀在派底的底部打孔排气，再将烤盘放进烤箱以上火 180℃、下火 160℃烘烤约 15 分钟。

❸ 把派心原料全部倒入另一容器中搅拌均匀。

❹ 用裱花袋把搅拌好的派心挤入烤好的派底中。

❺ 把派放进烤箱中层，以上火 180℃、下火 160℃烘烤约 20 分钟。

❻ 取出烤好的派，冷却后铺上蓝莓装盘即可。

扫一扫，看视频

西瓜紫甘蓝汁&南瓜派

　　映入眼帘的是深沉的紫与温暖的橙黄，扑鼻而来的是清爽的蔬果香与淡醇的奶香，口中充斥的是清香爽口与软糯细腻，多么赏心悦目的色彩组合，多么令人回味的味觉享受！

西瓜紫甘蓝汁

扫一扫，看视频

材料

紫甘蓝50克，西瓜100克，西红柿45克，矿泉水5毫升

做法

❶ 将紫甘蓝清洗干净，切成丝备用。

❷ 用勺子取出西瓜肉，备用。

❸ 西红柿洗净对切，再切成小块，备用。

❹ 将切好的食材倒进榨汁机中，加入适量矿泉水。

❺ 盖上榨汁机盖，选择"榨汁"功能，启动榨汁机，搅拌成液体状。

❻ 断电后倒出果汁，装杯即可。

南瓜派

材料

派皮：细砂糖5克，低筋面粉200克，牛奶60毫升，黄奶油100克；派心：熟南瓜泥300克，杏仁粉、玉米淀粉各20克，细砂糖40克，鸡蛋1个，肉桂粉、盐各少许

工具

烤箱、面粉筛、搅拌器、模具、刮板、保鲜膜、冰箱、刀

做法

❶ 将低筋面粉倒在台面上，开窝倒入细砂糖、牛奶，用刮板搅匀，加入黄奶油，用手和成面团。

❷ 用保鲜膜将面团包好，压平，冷藏30分钟后取出，按压一下，撕掉保鲜膜，压薄。

❸ 将面皮放在派皮模具上，沿边缘贴紧，切去多余的面皮，再次沿边缘将面皮压紧。

❹ 在熟南瓜泥中筛入玉米淀粉、杏仁粉、肉桂粉，加入打散后的蛋液、细砂糖和盐，搅成糊状，制成南瓜馅。

❺ 将南瓜馅慢慢倒进派模中，至八分满，用刮板铺平后放入烤盘。

❻ 将烤盘放入以上、下火180℃预热的烤箱中层，烤约25分钟后取出即可。

西瓜草莓汁&蔓越莓坚果司康

　　趁热尝一口司康，柔软的口感混合着干果的嚼劲，搭配着清甜爽口的西瓜草莓汁，源自几个世纪前遥远英伦的味觉诱惑就这样穿越时空，在一个温暖的午后俘获你的心。

西瓜草莓汁

扫一扫，看视频

材料

去皮西瓜150克，草莓50克，柠檬20克

做法

❶ 西瓜切块；洗净的草莓去蒂，切块，待用。
❷ 将西瓜块和草莓块倒入榨汁机中。
❸ 挤入柠檬汁。
❹ 注入 100 毫升凉开水。
❺ 盖上盖，启动榨汁机，榨约 15 秒成果汁。
❻ 断电后将果汁倒入杯中即可。

蔓越莓坚果司康

材料

无盐黄油 110 克，细砂糖 70 克，蔓越莓干 40 克，朗姆酒、牛奶各 30 毫升，淡奶油 150 克，低筋面粉 270 克，泡打粉 6 克，盐 2 克，核桃碎 20 克

工具

烤箱、电动打蛋器、擀面杖、搅拌盆、面粉筛、刮板

做法

❶ 将室温下软化的无盐黄油放入搅拌盆中，用电动打蛋器稍打一下，再加入细砂糖，搅打至蓬松发白。
❷ 分次倒入牛奶、淡奶油、核桃碎，每倒入一样都需要搅打均匀。
❸ 将蔓越莓干加入朗姆酒中浸泡约 15 分钟，沥干后加入装有无盐黄油的搅拌盆中。
❹ 筛入低筋面粉、泡打粉、盐，充分搅拌，用手揉成光滑的面团。
❺ 将面团擀成圆面饼，用刮板分成 8 等份，放入烤盘。
❻ 将烤盘放进预热 180℃的烤箱中层，烘烤 15 分钟，拿出烤盘调转 180 度，再烘烤 10 分钟即可。

扫一扫，看视频

橙汁冰饮&金枪鱼番茄开口三明治

炎热的夏日午后，还有什么比一杯橙汁冰饮更令人舒爽惬意呢，再来上一小块细腻柔和，散发着淡淡芝香的金枪鱼番茄三明治，夏日午后的慵懒困顿就在这清凉的享受中一扫而空。

橙汁冰饮

材料

浓缩橙汁 20 毫升，矿泉水 50 毫升，冰块 30 克，薄荷叶 1 克

做法

❶ 在备好的玻璃杯中注入浓缩橙汁、矿泉水，搅拌稀释。

❷ 放入冰块、薄荷叶，拌匀即可。

扫一扫，看视频

金枪鱼番茄开口三明治

材料

罐头金枪鱼 120 克，番茄 1 个，切片芝士、无边吐司面包各 2 片，意式香草碎、盐、黄油、食用油各适量，黑胡椒少许

工具

烤箱、刷子、刀

做法

❶ 将番茄切片，备用。

❷ 吐司面包刷上适量黄油。

❸ 依次铺上番茄和沥干水分的金枪鱼，撒上盐和黑胡椒，再铺上切片芝士，放在刷过底油的烤盘上。

❹ 将烤盘放入预热至 180℃的烤箱中层，烤 15 分钟。

❺ 取出烤好的开口三明治，撒上意式香草碎作点缀即可。

扫一扫，看视频

牛奶木瓜甜汤&葡萄干奶酥

微闭双眼，轻咬一口酥脆的葡萄干奶酥，再啜饮一口香浓的牛奶木瓜甜汤，浓郁的奶香混合着些许葡萄干的甜酸在口中融化，恬静的时光如梦似幻，心情也随着味觉的享受变得妙不可言。

扫一扫，看视频

牛奶木瓜甜汤

材料

木瓜肉 200 克，牛奶 200 毫升，白糖
适量

做法

❶ 将木瓜肉洗净切块，放入盘中备用。

❷ 锅中倒入少许清水烧热，加入白糖，拌匀
烧开。

❸ 倒入木瓜煮约 3 分钟至熟透。

❹ 倒入牛奶，用汤勺搅拌，煮至沸腾。

❺ 将汤盛入碗中，待稍凉即可食用。

葡萄干奶酥

材料

低筋面粉 175 克，无盐黄油 80 克，葡
萄干 50 克，奶粉 12 克，蛋黄 3 个，
细砂糖 30 克

工具

烤箱、电动打蛋器、面粉筛、刀、厨房
用纸

做法

❶ 将无盐黄油切小块，隔水加热。

❷ 清洗葡萄干，用厨房用纸吸干水分，再用
刀切成小块。

❸ 用电动打蛋器搅拌黄油，倒入细砂糖、奶
粉，接着打发至颜色变浅，体积略膨松。

❹ 分 3 次倒入打散的蛋黄，每倒一次都要搅
匀，再筛入低筋面粉。

❺ 用手将黄油和面粉混合，抓捏均匀，倒入
葡萄干，团成一个面团。

❻ 将面团整成每个 5 克的小面团，整齐排列
在烤盘上。

❼ 放入预热好的烤箱中层，以上、下火
180℃烤 15 分钟，至表面金黄即可。

银耳苹果红糖水&莲蓉饼

滋补的银耳、富含维生素C的苹果与温润的红糖组合在一起，是不能错过的美容养颜佳品，尝一口，柔滑细腻，搭配外酥内软的传统中点莲蓉饼，两种截然不同的口感被融合成奇妙的味觉享受。

扫一扫，看视频

银耳苹果红糖水

材料

水发银耳100克，苹果1个，红枣15克，红糖20克

做法

❶ 把苹果去皮、去核，切成大小一致的小块，再把银耳切块。

❷ 锅中倒入约700毫升的清水，放入洗净的红枣，加盖煮约10分钟至熟透。

❸ 揭盖后放入苹果、银耳，加盖用小火煮约10分钟至熟软。

❹ 再放入红糖，轻轻搅拌均匀，继续煮片刻至入味。

❺ 盛出做好的糖水即可。

莲蓉饼

材料

油皮150克，油酥90克，莲蓉馅300克，食用红色素少许

工具

烤箱、擀面杖、圆形模具

做法

❶ 分别将油皮按25克一个、油酥按15克一个分割成小面团。

❷ 将1份油皮包入1份油酥，用擀面杖擀成油酥皮备用。

❸ 将莲蓉馅分成60克一份，搓成圆形备用。

❹ 将制好的油酥皮擀成圆形面片，包入内陷，将收口捏紧后，朝下放，用双手以旋转整形的方式，将其整成圆形，略压扁。

❺ 用圆形模具蘸上红色素，压在莲蓉饼表面，将饼的收口边朝下，放入烤盘中。

❻ 将烤盘放入烤箱中层，以上火160℃、下火170℃烤约15分钟。

❼ 取出烤盘，将其调转180度，再烤10~15分钟，至饼皮边缘酥硬即可。

牛奶杏仁露&菊花酥

　　一个是牛奶与杏仁的天作之合，一个是颜值与口感俱佳的美妙搭配。饮一口，甜香中透出杏仁的微苦，尝一块，酥脆中混着红豆的绵密，独特的口感绵延在唇齿之间，让人久久回味。

牛奶杏仁露

材料

牛奶 300 毫升，杏仁 50 克，冰糖 20 克，水淀粉 50 毫升

做法

❶ 砂锅中注水烧开，倒入杏仁，拌匀。

❷ 盖上盖，用大火煮开后转小火续煮 15 分钟至熟。

❸ 揭盖，加入冰糖，搅拌至溶化。

❹ 倒入牛奶，拌匀。

❺ 将要沸腾时关火，倒入水淀粉勾芡，然后开小火稍煮片刻，搅拌至浓稠状。

❻ 关火后盛出煮好的杏仁露，装碗即可。

菊花酥

材料

油皮：中筋面粉 280 克，糖粉 11 克，水 112 毫升，猪油 112 克；油酥：低筋面粉 200 克，猪油 100 克；馅料：红豆沙 450 克；装饰：蛋黄 1 个

工具

烤箱、擀面杖、剪刀、刷子、面粉筛、保鲜膜、碗

做法

❶ 中筋面粉筛入碗中，倒入水、糖粉，搅匀后放入猪油，搅匀后揉成光滑的油皮面团，用保鲜膜包好，静置约 30 分钟。

❷ 低筋面粉筛入碗中，放猪油搅匀后揉成酥皮面团，用保鲜膜包好，静置约 30 分钟。

❸ 将油皮、油酥分别分成 30 克、15 克一个的小面团；1 份油皮包 1 份油酥，擀成油酥皮备用；将红豆沙按 30 克一个搓圆备用。

❹ 将油酥皮擀成圆片，包入内馅，整成圆形，松弛约 20 分钟后擀成扁圆形，用剪刀剪 10 个等份的三角形，中心不要剪断，将小三角形切面向上翻转，再将内馅压平。

❺ 花心刷上打散的蛋黄液，放入烤箱中层，以上火 180℃、下火 160℃烘烤约 15 分钟，取出烤盘调转 180 度，再烤 10 ~ 15 分钟即可。

川贝枇杷雪梨糖水&红豆饼

　　雪梨、枇杷、川贝、冰糖搭配而成的糖水，好喝又滋补；其貌不扬的红豆饼，美味又营养。两者的奇妙组合赋予下午茶健康养生的新意，在满足味觉的同时让疲惫的身心获得滋养。

川贝枇杷雪梨糖水

扫一扫，看视频

材料

雪梨 40 克，枇杷、冰糖各 25 克，川贝 2 克

做法

❶ 枇杷去籽，切成小块；雪梨去皮，去核，切成小块。

❷ 把切好的食材浸入清水中，备用。

❸ 锅中注入约 600 毫升清水烧热，倒入洗净的川贝，盖上盖，煮沸后转小火煮约 20 分钟至川贝熟软。

❹ 揭开盖，倒入冰糖和雪梨块，搅拌匀，再放入切好的枇杷，搅拌几下。

❺ 盖上盖，煮约 3 分钟至冰糖完全溶入汤汁。

❻ 取下盖子后关火，盛出煮好的糖水即成。

红豆饼

材料

油皮 40 克，油酥 30 克，红豆泥 80 克

工具

烤箱、擀面杖、叉子

做法

❶ 分别将油皮按 20 克一个、油酥按 15 克一个分割成小面团。

❷ 1 份油皮包入 1 份油酥，用擀面杖擀成油酥皮备用。

❸ 将红豆泥分割成每个 40 克的小馅料，揉圆备用。

❹ 将每个油酥皮擀成圆片，包入 1 个红豆泥，收口捏紧朝下，整成圆形，略压扁后，排列于烤盘中，用叉子将饼皮表面戳洞。

❺ 放入烤箱，以上火 190℃、下火 170℃ 烘烤 15 分钟，取出调转 180 度，再烤 10 ~ 15 分钟，至边缘酥硬即可。

柠檬猕猴桃果饮 & 巧克力法式馅饼

　　一份香甜柔软的巧克力法式馅饼，搭配一杯柔滑爽口的柠檬猕猴桃果饮，果饮的微酸很好地中和了馅饼的甜腻，淡淡的冰凉刺激着味蕾神经，更添一份清爽。

柠檬猕猴桃果饮

材料

柠檬汁冰块 3 块，猕猴桃 1 个，牛奶 60 毫升，酸奶 40 毫升

做法

❶ 先把猕猴桃竖切成 6 瓣，将水果刀插入果皮和果肉之间切去果皮，再将果肉切成小块。

❷ 将猕猴桃果肉装入保鲜袋中，排出空气，封紧袋口，放入冷冻室中冷冻 12 小时。

❸ 备好榨汁机，倒入 80 克冷冻猕猴桃，然后倒入柠檬汁冰块、60 毫升牛奶和 40 毫升酸奶。

❹ 盖上盖，打开开关，开始榨汁，运转约 1 分钟。

❺ 打开盖，将果汁倒入玻璃杯中即可。

巧克力法式馅饼

材料

饼皮：黄油、糖粉各 70 克，低筋面粉 140 克，鸡蛋 30 克，盐 1 克；巧克力馅：腰果 50 克，黑巧克力酱 80 克；其他：全蛋液、食用油各适量

工具

烤箱、饼干模具、刷子、玻璃碗、刀

做法

❶ 以上火 180℃、下火 160℃预热烤箱。

❷ 糖粉和黄油倒入玻璃碗中，充分搅拌均匀，加入鸡蛋、盐、低筋面粉，继续搅拌成面糊。

❸ 把腰果和黑巧克力酱拌匀，取一小块面糊拍成圆形，加入巧克力馅包好。

❹ 把包好馅的面糊压入刷了油的饼干模具中。

❺ 做好所有的饼后，在表面刷上一层全蛋液，用刀切几个口子，并将饼干模放在烤盘上。

❻ 将烤盘放入烤箱中层，以上火 180℃、下火 160℃烤 20 ~ 25 分钟即可。

扫一扫，看视频

草莓西红柿果饮&黄瓜三明治

　　一杯草莓西红柿果饮，初入口的瞬间蔬果的芬芳便溢满了口腔，再尝一口黄瓜三明治，黄瓜的清香在果饮的调动下很好地释放出来，生活的烦闷也在这微凉的小清新中慢慢散去。

扫一扫，看视频

草莓西红柿果饮

材料

西红柿 1 个，草莓 30 克，牛奶、酸奶各 40 毫升，柠檬汁 5 毫升

做法

❶ 西红柿去蒂后切成小块，草莓去蒂后切成片状。

❷ 将果肉分装进保鲜袋中，排出空气，封紧袋口，放入冷冻室中冷冻 12 小时。

❸ 备好榨汁机，倒入 80 克冰冻西红柿和 30 克冰冻草莓。

❹ 再倒入 40 毫升牛奶、40 毫升酸奶和 5 毫升柠檬汁。

❺ 盖上盖，打开开关，开始榨汁，运转约 1 分钟。

❻ 打开盖，将榨好的果汁倒入杯中即可。

黄瓜三明治

材料

黄瓜 80 克，吐司片 3 片（80 克），芥末黄油 15 克

做法

❶ 洗净的黄瓜切成薄片。

❷ 将芥末黄油涂抹在一片吐司上。

❸ 再摆放上黄瓜，叠上一块吐司。

❹ 继续往吐司上涂抹芥末黄油。

❺ 继续摆放上黄瓜。

❻ 再盖上一块吐司，制作成三明治。

❼ 将做好的三明治对半切开，装入盘中即可。

扫一扫，看视频

苹果鲜橙果饮&彩蔬小餐包

　　苹果与橙子组成的口感清爽的果饮，保留着健康的特质，泛着温和的光泽，搭配着其貌不扬但营养丰富的彩蔬小餐包，是对身心俱疲的自己极好的抚慰。

苹果鲜橙果饮

材料

苹果 1 个，鲜橙汁 50 毫升

做法

❶ 苹果去皮，去核，切成小块。

❷ 将苹果肉装入保鲜袋中，排出空气，封紧袋口，放入冷冻室中冷冻 12 小时。

❸ 备好榨汁机，倒入 100 克冷冻苹果和 50 毫升鲜橙汁。

❹ 盖上盖，打开开关，开始榨汁，运转约 1 分钟。

❺ 打开盖，将榨好的果汁倒入杯中即可。

彩蔬小餐包

材料

高筋面粉 200 克，细砂糖 25 克，酵母粉、盐各 4 克，鸡蛋 1 个，无盐黄油、红甜椒各 30 克，洋葱 50 克，胡萝卜 20 克，培根 15 克，牛奶 30 毫升，全蛋液适量

工具

烤箱、刮板、刀、盆、保鲜膜、刷子

做法

❶ 将高筋面粉、细砂糖、酵母粉放入盆中搅匀，加入牛奶和鸡蛋，拌匀并揉成团，再加入无盐黄油和盐，揉成面团。

❷ 把面团稍压扁，加入切碎的洋葱、红甜椒、胡萝卜和培根，用刮板将面团对半切开，叠加在一起后再对半切开，重复叠加切开的动作，将面团揉均匀。

❸ 把面团放入盆中，盖上保鲜膜发酵 25 分钟后取出，分成 4 等份，分别揉圆，放在烤盘上，发酵 50 分钟。

❹ 发酵完后，在面团表面刷上全蛋液，放入以上火 190℃、下火 180℃预热的烤箱中层，烤 10 ～ 12 分钟即可。

扫一扫，看视频

菠萝苹果果饮&坚果巧克力戚风蛋糕

饮一口酸甜适中的菠萝苹果果饮，尝一块绵软甜蜜的坚果巧克力戚风蛋糕，丰富而有层次的滋味在唇齿间萦绕，回味悠长，缠绵不绝，轻易地就让人沉醉。

菠萝苹果果饮

材料

菠萝、苹果各 1 个，牛奶 80 毫升，柠檬汁 5 毫升

做法

❶ 将菠萝和苹果洗净去皮后切取适量，再切成小块。

❷ 将果肉分装进保鲜袋中，排出空气，封紧袋口，放入冷冻室中冷冻 12 小时。

❸ 备好榨汁机，倒入 80 克冷冻菠萝和 30 克冷冻苹果。

❹ 再倒入 80 毫升牛奶、5 毫升柠檬汁。

❺ 盖上盖，打开开关，开始榨汁，运转约 1 分钟。

❻ 打开盖，将榨好的果汁倒入杯中即可。

坚果巧克力戚风蛋糕

材料

蛋黄糊：蛋黄 3 个，糖粉 30 克，淡奶油 35 克，可可粉 15 克，小苏打、泡打粉各 1 克，色拉油 40 毫升，低筋面粉 50 克；蛋白糊：蛋白 3 个，绵白糖 40 克；装饰：核桃、杏仁各 30 克，巧克力奶油适量、黑巧克力 100 克

工具

烤箱、电动打蛋器、面粉筛、方形活底蛋糕模具、刀

做法

❶ 将色拉油与淡奶油混合，搅至乳化，加入糖粉，筛入蛋黄糊材料中的粉类，搅至面糊无颗粒，再加入蛋黄搅匀，制成蛋黄糊。

❷ 蛋白中分次加入绵白糖，用电动打蛋器打至硬性发泡，提起打蛋器，可以拉出一个鹰嘴状，制成蛋白糊。

❸ 取 1/3 的蛋白糊加入蛋黄糊中，搅匀后倒回剩下的蛋白糊中，搅拌至均匀光滑，注入方形活底蛋糕模具中，将表面抹平。

❹ 切碎杏仁和核桃，撒在模具表面，放在烤盘上，置于烤箱中层，以 150℃ 烘烤 60 分钟后取出，脱模即可。

扫一扫，看视频

橙子芒果西瓜果饮&卡仕达酥挞

色彩鲜艳的橙子芒果西瓜果饮，散发着水果的芬芳；酥软甜香的卡仕达酥挞，飘散着蛋奶的醇香。缤纷的果味配上柔滑的卡仕达酱，复合多层，每一口品尝到的都是幸福的滋味。

扫一扫，看视频

橙子芒果西瓜果饮

材料

西瓜 1/4 个，橙子、芒果各 1 个，酸奶 30 毫升

做法

❶ 将西瓜、橙子、芒果的果肉切成小块。

❷ 将果肉分装进保鲜袋中，排出空气，封紧袋口，放入冷冻室中冷冻 12 小时。

❸ 备好榨汁机，倒入 80 克冰冻橙子、30 克冰冻芒果和 50 克冰冻西瓜。

❹ 再倒入 30 毫升酸奶。

❺ 盖上盖，打开开关，开始榨汁，运转约 1 分钟。

❻ 打开盖，将榨好的果汁倒入杯中即可。

卡仕达酥挞

材料

冷藏的卡仕达酱适量，高筋面粉、低筋面粉各110克，黄油150克，糖粉75克，盐1克

工具

擀面杖、软刮、筛网、烤箱、刀

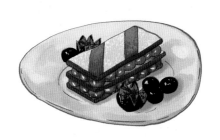

做法

❶ 将高筋面粉、低筋面粉过筛后搅拌均匀，再加入盐，搅拌均匀。

❷ 分次加入水，用软刮搅拌均匀，用手将面团揉至光滑。

❸ 用擀面杖将黄油擀入面皮中，反复多次折叠擀入，入烤箱以 180℃烘烤 30 分钟。

❹ 取出烤好酥挞皮切成块，挤上卡仕达酱，再盖上一层酥挞皮，重复该步骤，做出三层的卡仕达酥挞。

❺ 最后在表面撒上糖粉装饰即可。

荔枝芒果汁&红茶奶酥

　　香甜的荔枝与柔滑的芒果组合而成的清爽果汁，搭配酥松且奶香味十足的红茶奶酥，甜蜜中淡淡的茶香若隐若现，口感柔和淡雅，食后不觉甜腻，别有一番美妙滋味。

荔枝芒果汁

材料

荔枝 250 克，芒果 200 克，矿泉水适量

做法

❶ 将荔枝清洗干净，去除表皮与内核，备用。

❷ 芒果洗净去蒂，对半切开，用刀划成网格状，再挑出果肉，备用。

❸ 将芒果和荔枝装进榨汁机中，注入适量的矿泉水。

❹ 盖上盖，选择"榨汁"功能，启动榨汁机，搅打 60 秒。

❺ 断电后揭盖，倒入杯中即可。

扫一扫，看视频

红茶奶酥

材料

无盐黄油135克，糖粉、杏仁粉各50克，盐1克，鸡蛋1个，低筋面粉100克，红茶粉2克

工具

烤箱、搅拌器、橡皮刮刀、面粉筛、裱花袋、圆齿形裱花嘴

做法

❶ 把室温下软化的无盐黄油中加入糖粉，用橡皮刮刀搅匀。

❷ 打入鸡蛋，用搅拌器搅匀。

❸ 加入杏仁粉，搅匀后加入盐、红茶粉。

❹ 筛入低筋面粉，搅拌至面糊光滑无颗粒。

❺ 裱花袋装上圆齿形裱花嘴，再将面糊装入裱花袋中，在烤盘上挤出齿花水滴形状。

❻ 烤箱以上火 170 ℃、下火 160℃预热，将烤盘置于烤箱中层，烘烤 18 分钟即可。

扫一扫，看视频

火龙果牛奶汁&鲜虾牛油果开口三明治&香草布丁

果汁的清甜柔和，搭配牛油果的顺滑和虾的鲜香在口中融化，唇齿留香。
还有什么烦恼是一杯香甜的果汁与一块美味的三明治不能抚平的呢，如果有，
那就再来一块轻柔丝滑的香草布丁好了。

火龙果牛奶汁

扫一扫，看视频

材料

火龙果 2 个，牛奶 100 毫升

做法

❶ 火龙果去皮，切成一口大小的块。

❷ 将火龙果放入榨汁机，倒入牛奶，榨成汁即可。

香草布丁

材料

淡奶油 245 克，凝固的吉利丁水 14 克，白砂糖、蛋黄各 35 克，香草精适量

工具

奶锅、筛网、模具、冰箱、玻璃碗

做法

❶ 取一碗，倒入蛋黄及白砂糖，打成蛋黄糊。

❷ 奶锅中加入淡奶油，烧开后慢慢倒入蛋黄糊中，边倒边搅拌均匀。

❸ 接着倒回奶锅，小火煮至 70℃，期间不停搅拌。

❹ 倒入香草精、凝固的吉利丁水，搅匀后筛入玻璃碗中放凉。

❺ 将放凉的布丁水倒入模具中，放入冰箱冷藏至硬即可。

鲜虾牛油果开口三明治

材料

虾仁 8 个，切块牛油果 150 克，洋葱末 60 克，无边面包 2 片，柠檬汁、黑胡椒各少许，蒜末、盐、辣椒粉、橄榄油各适量

工具

烤箱、平底锅

做法

❶ 把虾仁中加入柠檬汁、橄榄油、盐和辣椒粉腌制备用。

❷ 把牛油果肉捣成泥，加入洋葱末混合，再加入柠檬汁、橄榄油和盐，拌匀。

❸ 烤箱预热 180℃，放入面包片烤 10 分钟。

❹ 等待烤箱的同时，取平底锅中火加热，加入橄榄油炒香蒜末，再放入虾仁煎熟。

❺ 取出烤过的面包，每片涂上一层洋葱牛油果酱，摆上 4 个虾仁，再撒上黑胡椒即可。

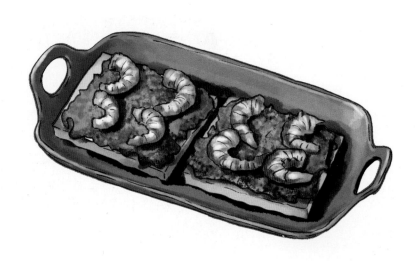